将来的你
一定感谢现在拼命的自己

王奕鑫◎编著

U1018542

中国出版集团
中译出版社

图书在版编目（CIP）数据

将来的你一定感谢现在拼命的自己 / 王奕鑫编著 .
—北京：中译出版社，2020. 1
ISBN 978 - 7 - 5001 - 6159 - 2

Ⅰ. ①将… Ⅱ. ①王… Ⅲ. ①成功心理 - 通俗读物
Ⅳ. ①B848. 4 - 49

中国版本图书馆 CIP 数据核字（2019）第 300799 号

将来的你一定感谢现在拼命的自己

出版发行 / 中译出版社
地　　址 / 北京市西城区车公庄大街甲 4 号物华大厦 6 层
电　　话 /（010）68359376　68359303　68359101　68357937
邮　　编 / 100044
传　　真 /（010）68358718
电子邮箱 / book@ ctph. com. cn

策划编辑 / 马　强　田　灿
责任编辑 / 范　伟　吕百灵
封面设计 / 泽天文化
印　　刷 / 山东汇文印务有限公司
经　　销 / 新华书店
规　　格 / 880 毫米 ×1230 毫米　1/32
印　　张 / 6
字　　数 / 135 千字
版　　次 / 2020 年 3 月第 1 版
印　　次 / 2020 年 3 月第 1 次

ISBN 978 - 7 - 5001 - 6159 - 2　　定价：32. 00 元

版权所有　侵权必究
中　译　出　版　社

前 言

我们常常会失去方向，不知道什么才是自己真正想要的生活。

我们也常常会失去梦想，不知道自己所追寻的是否正确。

也许此时此刻，我们依旧在迷茫，不知道人生方向在哪里，未来在哪里，每天该朝着什么样的方向继续前进……

我们始终觉得自己过着平庸、忙碌且单调的生活，也不知道自己为什么而生活，日复一日，年复一年，仿佛一直都在原地徘徊。

也许那种三点一线的生活是许多人的常态，想改变又贪图安逸的我们一直生活在舒适区，想要改变又不想让自己太累。我们也会经常安慰自己道："反正努力了也不一定有结果，为什么要那么拼，现在不是挺好的吗？"没错，努力不一定成功，不努力也一定很舒服。但是，我们不知道的是，比我们更优秀的人都在努力着，我们更不知道的是，生命的意义在于拼搏，要想出人头地，过上自己想要的生活，就必须付出相应的努力，而且要比别人更加努力！

切莫让安逸的生活麻痹了自己，在我们的人生字典里，应该存在着“努力”二字。我们不应该只是假装着努力，装给别人和自己看是没有用的，只要下定了决心，就该勇往直前。优秀的人，做事不仅会努力，同时会拼尽全力，做一件事情，不仅会释放自己的全部能量，而且会追求尽善尽美的极致。

我们的人生有着无限的可能，努力的人才能抓住一次次出现的机会，不要过早地把自己否定掉：如果只想过普通人的人生活，那我们努力一点就够了；如果想活得更潇洒，更有尊严，是需要比大多数人更努力拼搏的；如果要过大多数人过不上的生活，做大多数人做不了的事业，赢取多数人得不到的名声，就更需要带着智慧而拼尽全力！

目　录

第一章
开始努力，我们能改变什么

有人说，年轻可以无所顾忌，不惧失败、放手一搏；有人说，年轻可以无所顾虑的去工作生活，朝九晚五，“佛系”生活；还有人说，以后的好生活，都是趁年轻拼搏出来的。

是的，无论今天的你身处何处，努力所得到的结果永远比不努力得到的多。趁着年轻，我们更应该努力拼搏，用青春和汗水去换取我们想要的结果。

拒绝与懒惰为伍

惰性是一种隐藏在我们内心深处的东西，一帆风顺的时候，我们也许看不到它，而当我们碰到困难、身体疲惫、精神萎靡不振时，它就会像恶魔一样吞噬我们的耐力，阻碍我们走向成功，所以，我们必须克服它，要时刻想着从困难的旋涡中挣脱出来。

亚历山大征服波斯人之后，他有幸目睹了这个民族的生活方式。亚历山大注意到，波斯人的生活十分腐朽，他们厌恶辛苦的劳动，却只想舒适地享受一切。亚历山大不禁感慨道："没有什么东西比懒惰和贪图享受更容易使一个民族奴颜婢膝的了；也没有什么比辛勤劳动的人们更高尚的了。"

古语云：天道酬勤。这里所谓的"天道"，是指自然界有序运行的客观规律。

香港"珠宝大王"郑裕彤，出生在一个农民家庭，自幼家境贫寒，15 岁时即中断学业，到香港"周大福珠宝行"当学徒。临行前，母亲叮嘱他：干活勤快，遵守规矩，多动手，少动口。郑裕彤牢记母亲的教诲，干活勤快又机灵。他处处留意，看老板和同事如何做好经营管理，还在业余时间观察别的商家如何营业。

一次，他去别家珠宝店观察人家的经营之道，不料回来时遇上堵车，迟到了。老板发现后，问他何故迟到。他便据实相告。老板不相信一个小学徒还有这份心业，就问："说说你看出了什么名堂？”

郑裕彤不慌不忙地说：“我看人家做生意，比我们要精明。客人只要一进店，伙计们总是笑脸相迎，有问必答。无论生意大小，一概客客气气；就是只看不买，也笑迎笑送。我觉得，这种待客的礼貌周到是最值得我们学习的。还有，店铺的门面也一定要装饰得像模像样，与贵重的珠宝相配。我看人家把钻石放在紫色的丝绒布上，光亮动人，让人看起来格外动心……”

郑裕彤侃侃而谈，周老板暗暗动心。他预感此子必成大器，便有意培养他。郑裕彤成年后，颇受周老板器重，周老板便将女儿嫁给他，后来干脆将生意全交给他打理。

郑裕彤接手生意后，经过一番苦心经营，“周大福珠宝行”发展为香港最大的珠宝公司，每年进口的钻石数占全香港的30%。之后，郑裕彤又投资房地产业，成为香港几大房地产大亨之一。

“勤能补拙”是一句老话，可惜从学校毕业进入了社会，这句话就不一定能常听到了。能承认自己有些“拙”的人不会太多，能在进入社会之初即体会到自己“拙”的人更少。大部分人都认为自己不是天才至少也是个干将，也都相信自己在接受社会几年的磨炼后，便可一飞冲天。但能在短短几年即一飞冲天的人能有几个呢？有的飞不起来，有的刚展翅就摔了下来，能真正飞起来的实在是少数中的少数。为什么呢？大多是因为社会磨炼不够，能力不足。

所谓的“能力”包括了专业的知识、长远的规划以及处理问题的能力，这并不是三两天就可培养起来的，但只要“勤”，就能很有效地提升我们的能力。

业精于勤荒于嬉。在通往成功的路上，曲折和坎坷是难免的，而不管多么聪明的人，要想从众多道路中取一捷径，都少不了一个“勤”字。所谓“书山有路勤为径，学海无涯苦作舟”，就是指读书与勤奋的关系。人生中任何一种成功和幸福的获取，大多都始于勤而成于勤。

下好人生的这盘棋

人生是一盘大大的棋，我们却只在一个边角消磨时间。要是我们能怡然自得倒没什么，因为幸福只是一种单独个体的感觉，我们觉得蛮好，那就蛮好，旁人无法置喙。但若我们一面哀叹自己“命苦”，不甘心，不服气，一面还在那个狭仄的边角不思改变，那就需要好好反思了。有一个词叫“局限”，局限就是格局太小，为其所限。就像是下围棋，我们是在四个角放子，而不是在一个角卷羊头，这个格局就大了。不管我们身处何等位置，都要有大视野、有大追求、有大气魄。格局越大，我们才可以不被眼前的小事情所羁绊，做到天高任鸟飞、海阔凭鱼跃。

一位记者采访某贫困山区的放牛娃：“我们放牛是为了什么？”

“挣钱。”放牛娃回答。

“挣钱做什么？”

“娶媳妇。”

“娶媳妇做什么？”

“生娃。”

“生娃做什么？”

“放牛。”

……

这场看似平淡的对话让人读了不胜唏嘘。山区的放牛娃由于知识、眼界的束缚，把自己的世界锁定在“牛、妻、娃”这三者身上。而一个人活着，如果仅仅是为了挣钱娶妻生娃，在生命的旧格局里打转，该是多么苍白平庸的一生啊。

都市中就没有“放牛娃”吗？台湾政坛上有名的陈文茜女士，在接受央视记者白岩松的采访时，说过一段这样的话：“女人在这个社会并不容易独处，我们嫁丈夫也不容易独处，我们单身也不容易独处，所以我们看到大多数的家庭主妇、职业妇女都不太快乐，很大的原因就是说，其实世界上可以给一个女人的东西相当的少，她就守住一块天，守住一块地，守住一个家，守住一个男人，守住一群小孩，她的人生到后来，她成了中年女子，她很少感到幸福，她感到的是一种被剥夺感。”

这段话中，最令人感兴趣的是：“守住一块天，守住一块地，守住一个家，守住一个男人，守住一群小孩，她的人生到后来，她成了中年女子，她很少感到幸福。”陈文茜女士的话本来是针对女人说的，认为许多女人限制了自己，将自己的格局做得很小，因此失去了幸福感。其实不只是女人，男人也同样会把自己的人生格局做得很小。

一个年轻学生，居然主动放弃了世界顶尖的哈佛大学的本科学位。那一年，他已经是大三学生了。一张哈佛大学的烫金文凭，眼看就要到手了。要是我们，想得到、做得出吗？——很难，是的。但有人在 1975 年就做到了，他是蝉联世界首富十几年的比尔·盖茨。19 岁的他看到了微软视窗操作系统的发展前景，果断地放弃了大学学业。“我们意识到软件时代到来了，并且对于芯片的长期潜能我们有足够的洞察力，这意味着什么？我现在不去抓住机会反而去完成我的哈佛学业，软件工业绝对不会原地踏步等着我。”

尹明善于 1985 年年底下海成为中国最早的书商之一。尹明善有过出版社编辑的从业经历，还有过将一个外贸公司盘活的生意经，在那个年代绝对算是书商中的精英。因此，他在这个圈子里很快就声名鹊起。通过 4 年的打拼，他成了重庆市最大的民营二渠道书商。1989 年，获利良好的尹明善居然坚决果断地从民营图书业撤了出来。他的撤退雷厉风行，以致整整一仓库没有卖掉的存书，被他喊来大卡车直接拉到废品收购站。尹明善拿得起放得下，没有半点拖泥带水磨磨蹭蹭。为什么放着稳定收入的生意不做呢？因为尹明善感觉这个行业有太多的束缚——“做出版业赚小钱可以，却没有可能做大做强”。他决定退出出版行业，另寻发展途径。他的这一退，导致现在的中国书商中少了一个默默无闻之辈，多了一个身价数十亿的力帆集团老总。

看看以上这些人，他们的眼光、见地、气魄，都反映出他们是做大事的，格局很大。作为普通人的我们，只有境界高、格局大，人生才会走得宽广；格局小的人，一辈子都活在患得患失当中。

战胜懒惰使我们成长

懒惰、好逸恶劳乃是万恶之源，懒惰会吞噬一个人的心灵，就像灰尘可以使铁生锈一样，懒惰可以轻而易举地毁掉一个人，乃至一个民族。

无论是对个人还是对一个民族而言，懒惰都是一种堕落的、具有毁灭性的东西。懒惰、懈怠从来没有在世界历史上留下好名声，也永远不会留下好名声。懒惰是一种精神腐蚀剂，因为懒惰，人们不愿意爬过一个小山岗；因为懒惰，人们不愿意去战胜那些完全可以战胜的困难。因此，那些生性懒惰的人不可能在社会生活中成为一个成功者，他们永远是失败者，成功只会垂青那些辛勤劳动的人们。懒惰是一种恶劣而惯性的精神表现，人们一旦背上了懒惰这个包袱，就只会整天怨天尤人，精神沮丧，无所事事。

古罗马皇帝在临终时给罗马人留下这样一句遗言："勤奋工作吧！"当时，他的周围聚满了士兵。罗马人有两条伟大的箴言，那就是勤奋与功绩。这也是罗马人征服世界的秘诀。那时，任何一个从战场上胜利归来的将军都要走向田间。那时的罗马最受人尊敬的工作就是农业生产，正是整个罗马人的勤奋品质，终于使这个国家逐渐变得富强。但是，当财富和奴隶慢慢增多时，罗马人开始觉得劳动变得不再必要了，于是，这个国家开始走向衰败，懒散导致犯罪增多、腐败滋生，一个强大的帝国就这样消失了。

有些人终日游手好闲，无所事事，无论干什么都舍不得花力气、下功夫，他们总想不劳而获。正如肥沃的稻田不生长稻子就必然长满茂盛的杂草一样，那些好逸恶劳者的脑子里就长满了各种各样的“思想杂草”。懒惰这个恶魔总是在黑夜中出现，它直视那些头脑中长满了这些“思想杂草”的懦夫，并时时折磨他们、戏弄他们。下面的小故事形象地讽刺了懒惰者的心理。

伏尔泰有个仆人，十分懒惰。一天，伏尔泰对他说：“约瑟夫，把我的皮鞋拿来。”仆人遵命拿来了皮鞋。伏尔泰问仆人：“我们今天早上忘了擦皮鞋了吗？”约瑟夫回答说：“没忘，只是街上尽是泥，两小时后您的皮鞋又会跟现在一样脏。”伏尔泰笑笑，一言不发地穿上皮鞋走了。“先生，”约瑟夫追上来，“钥匙呢？”“什么钥匙？”“橱柜的，我好吃午饭呀！”“我的朋友，”伏尔泰笑道，“吃什么饭呀，两小时后，我们又会跟现在一样饿的。”

懒惰者，缺少的是行动，他们是思想的巨人、行动的矮子。而其实，幸运只会光顾勤奋者，等待只会浪费时间。懒惰，其实就是否定自己，把自己的生命一点点浪费掉，而不想做一次奋斗，拯救自己。懒惰是一种浪费，浪费的是比任何东西都宝贵的生命。

真正的幸福绝不会光顾那些精神麻木、四体不勤的人们，幸福只在辛勤的劳动和晶莹的汗水中体现。劳动，也只有劳动才能创造生活，给人们带来幸福和欢乐。

那些游手好闲、不肯吃苦耐劳的人总是有各种漂亮的借口，他们不愿意好好地工作、劳动，却常常会想出各种理由来为自己辩解。确实，一心想拥有某种东西，却害怕或不愿意付出相应的劳动，这是自私和贪婪的表现。无论多么美好的东西，人们只有付出相应的劳动和汗水，才能懂得这美好的东西是多么的来之不易，才能愈加珍惜它。即使是一份悠闲，如果不是通过自己的努力而得来的，这份悠闲也并不惬意。不是用自己的劳动和汗水换来的东西，我们就不配享用它。

美国诗人朗费罗说："天才只是无限的惨淡经营与勤勉。"对于一位成功者来说，也是如此。放眼世界，真正事业有成的人无不是勤勉发愤、刻苦工作的，以至于他们中不少人被视为"工作狂"或"疯子"。

台湾塑胶大王王永庆在世界上拥有 10 亿美元以上的资产。作为一个大集团企业的董事长，他是一个典型的工作狂。一周工作 6 天，极少娱乐休闲，连看电视、和家人谈谈心的时间都没有。他说："人的生命及其精力都有极限，身心全神贯注并且持之以恒，才有可能追求卓越。这是我一生创办事业的经验，也是亲身印证过的一个非常单纯的理念。"

赵重熏是韩国有名的运输大王。他从一个卡车司机起家，发展到韩国首富，除了机遇外，勤奋是他成功的一大要素。他有一个绰号，叫"现场监工"。在接收大韩航空以前，他常常在清晨 4 点起床，到工地现场去监工。接管大韩航空以后，他照样早起，每天 5 点钟一定会赶到金浦机场，监督夜班工人工作。曾有一次他摔断了腿，也没有休息，裹着石膏，每天清晨仍一瘸一拐地去监督工人工作。赵重熏一刻也闲不住。在越南搞运输时，夏天中午烈日炎炎，一般人很少干活，都在午睡休息。赵重熏却仍顶着火辣辣的太阳出去工作。

可见，没有这份如痴如狂的工作热情和吃苦精神，就没有赵重熏的成功。伯顿说得好："游手好闲是魔鬼的坐垫。"中国古人也说过："业精于勤荒于嬉"。我们综观事业有成者，无一不是兢兢业业勤勉工作的，而懒惰则是成功的最大敌人。在现代社会，企图不劳而获是不可能的。对于我们来说，要勤勉不要懒惰，就如同要成功不要失败一样重要。

把勤奋作为我们人生的习惯，这是我们做任何事必须先记住的。学生要勤于读书，政治家要勤政，商人就更不能慵懒，必须以勤克惰，才能有所收益。我们必须忍受勤劳所带来的辛苦，并且不沉溺于嬉乐之中，方能办好事情，有所成就。

不要把"玩"放在第一位

玩物的嗜好，是国人几千年的传统。观鱼赏花，斗鸡跑马，凡此种种，无非爱好一物，以至痴迷，详察细品，多觉妙趣。一般来说，人有点嗜好并不是一件坏事，甚至常常是一件陶冶身心、增加情趣的好事。但嗜好要有一定的尺度，爱好但不迷恋，否则会被物所役，导致丧志。少年丧志则难成大事，老来丧志则难保晚节。而身处人生事业顺境者，一旦丧志，将有坠落逆境的危险。

周惠王九年，卫惠公的儿子姬赤继位，当上了卫国国君，后人称他为卫懿公。

卫国是个小国，在诸侯争霸中，靠齐国帮助才得以生存下来，成为齐国的附庸国。卫懿公当上国君后，不图富国强兵，不理朝政，而是天天吃喝玩乐。他酷爱养鹤，在宫中建造豪华的鹤舍，派人精心饲养，凡是献鹤的人都重奖封官，还给鹤以官吏一样的待遇——戴官帽，坐官车，享官禄。而对百姓的饥寒，却不闻不问。

同理朝政的卫国大臣石祁子和宁速，见懿公一心玩鹤，置朝政于不顾，很是着急，曾多次劝谏，均遭拒绝。懿公的大哥公子毁，料到国将衰亡，就借机离开卫国出走了。国中百姓怨声载道。

当时有一个部族山戎，经常派兵骚扰齐国边境，齐国准备讨伐山戎。此事被强大的狄国得知，其君主瞍瞒雄心勃勃，想侵略中原，他认为齐国讨伐山戎，决不会放过狄国，不如先发制人，发兵进军齐国。而攻打齐国，必须首先消灭卫国。

一天，懿公驾着豪华的马车，前呼后拥，准备载鹤出外游玩。宫中侍卫慌忙送来狄国入侵的情报。懿公听了大吃一惊，立即招集人马，准备迎敌。可是，老百姓没有一个肯应征，青壮年纷纷逃跑。懿公派兵捉回百余人，责问道：

“大敌当前，你们为什么逃跑？”

众人说：“鹤可以对付敌军，要我们老百姓有什么用？”

懿公说：“鹤能作战吗？”

众人说：“既然不会作战，养它干什么？”

这时，懿公方知道一心玩鹤，不理国政，是大错而特错了。忙向宫仆传令，将鹤统统放了。但是那几十只鹤腾空飞了几圈，又都飞回原处。

石祁子和宁速上街宣传，说懿公已经悔过自新，不再玩鹤，百姓这才肯当兵准备迎敌作战。懿公亲自带兵，陷入狄兵埋伏，将士见敌势凶猛，丢掉战车兵器，纷纷逃命。

剩下懿公和几名侍卫，被狄兵包围，懿公被砍成了肉泥，最终全军覆没。

仙鹤虽美，却不能御敌，这是卫懿公亡国的教训，玩鹤虽还不失为一种雅好。但历史上那些荒淫无耻的帝王在后宫中所玩，不仅败国丧家，而且为后人所不齿。

商纣王是个荒淫无度的昏君，一天到晚，不是与宫女妃子们淫戏，就是喝酒狂欢，把皇宫闹得乌烟瘴气。他还嫌这样的淫乐、狂欢不够味，又下令在沙丘建立一个专供淫乐狂饮的逍遥宫。

为了满足他的花天酒地的开支，他下令增收各种赋税，搞得许多百姓家破人亡。他又一再下令选美，选得绝色美女苏妲己后，更是迷于女色，不理朝政。

一些正直的大臣都忧心忡忡，不断向纣王进谏。纣王根本不听，反而对进谏者不是贬官，就是废为平民，吓得群臣们都不再敢进谏了。后来，纣王干脆设立各种酷刑，如炮烙之法，刳胫之刑，……用来对付向他劝谏的大臣和不服从他统治的庶民。

每一次施刑，纣王和妲己都饮酒取乐，在调笑中看着受刑的人痛苦万分地死去。炮刑时，望着受刑者被炮炭火烧化为焦烟时，纣王和妲己还发出阵阵狂笑。

老百姓们日夜祈祷：上天啊！赶快降下大命吧！替我们消灭残暴的商纣王！四方诸侯也一个接一个地举起了反殷的义旗。但这些消息传到商纣王那里，他只是不屑一顾地狂妄冷笑说："我是上天选定的真命天子，他们怎么奈何得了我！"

一天，殷商三贤士之一的比干又一次冒死劝谏，商纣王竟然命令人把他的心肝挖了出来。

微子听说后，马上匆匆地逃离了京师。箕子只好装成疯子，纣王仍不放过他，还是把他关进了监狱。

纣王残害三贤的消息一传来，周武王就率领大军浩浩荡荡地出发了；各诸侯国的军队也纷纷加入了讨伐商纣王的战争。大军所到之处，人民像久旱盼春雨一样欢迎官兵们；一遇到商纣王的军队，商军官兵都纷纷倒戈。

很快，周武王的军队攻到京城。前些天还是不可一世的商纣王，这时变成一只人人喊打的过街老鼠，被狼狈地烧死在大火中。

商纣好淫，简直到了不可思议的程度。除了淫乐，他已经置国家安危于不顾。这样"玩物"，必然导致"丧志"，死无葬身之地是必然的。

当今世界，日新月异，可玩之物层出不穷。电子游戏荒废了多少学生的学业？网上恋爱贻误了多少人的青春？还有近些年来社会上泛滥的黄色污染，又使多少人沉溺其中？"少壮不努力，老大徒伤悲"，"玩"丢了的岁月，再也无法找回。追求名牌时装，花园洋房，把多少有志者拦在了发奋进取的路上。如果我们正处在一生成败的关键时刻，玩物丧志，将使我们跌入终生的痛悔之中。

把“我不能”换成“我能”

我们的信心在哪里，我们就在哪里。一个外国老人在年届 70 岁时开始学习登山，随后的 25 年中一直冒险攀登高山，其中几座还是世界上有名的山峰。这个老人在 95 岁高龄时登上了日本的富士山，打破了攀登此山年龄最高纪录。老人坦言成功的原因在于，“个人能做什么事不在于年龄的大小，而在于有什么样的想法”。

我不能考上律师证；

我不能追到 XX；

我不能在北京买房……

多少次当我们头脑里有一个想法后，我们很快就用“我不能”自我否决了？

现在，请埋葬一个恶棍，这个恶棍叫作“我不能”。因为有它的存在，导致了多少人碌碌无为。如果说信心是力量、是成功，那么灰心就是懦弱、是退却，而死心则是投降、是失败。在“我不能”的身上，打有“死心”的烙印。

除非我们要做的有悖于法律道德、公序良俗，否则，不要轻易说出或想到“我不能”。要做事业，没有足够的信心来支撑是根本不可能的。

谁见过一项能够称得上“事业”的事情，是一蹴而就？没有。在通往事业巅峰的路上，险阻重重，没有信心我们哪来攀登的动力与勇气？爱迪生发明电灯，尝试了很多很多的灯丝材料才最终找到理想的材质。若他对自己的发明思路没有信心，他早就放弃了。

成事的关键之一是信心，没有信心就别谈干事业！信心来源于自己的内心，就是大脑下达给四肢的命令。我们心想自己是最棒的，那么大脑就指挥我们的一切行动就是最美表现。

唐娜是一位即将退休的美国小学老师，一天，她要求班上的学生和她一起在纸上认真填写自己认为“我不能”的事情。每个人都在纸上写下他们所不可能做的事，诸如“我不能做 10 次仰卧起坐，”“我不能吃一块饼干就停止”。唐娜则写下“我不能用非体罚好好管教亚伦。”然后大家将纸张投入了一个空盒内，将盒子埋在了运动场的一个角落里。唐娜为这个埋葬仪式致辞：“各位朋友，今天很荣幸能邀请各位来参加‘我不能’先生的葬礼。他在世的时候，参与我们的生命，甚至比任何人影响我们还深。……现在，希望‘我不能’先生平静安息……希望您的兄弟姊妹‘应该能’‘一定能’继承您的事业——虽然他们不如您来得有名，有影响力。愿‘我不能’先生安息，也希望他的死能鼓励更多人站起来，向前迈进。阿门！”

之后，唐娜将“我不能”纸墓碑挂在教室中，每当有学生无意说出：“我不能……”这句话时，她便指向这个象征死亡的标志，孩子们就立刻想起“我不能”已经死了，进而想出积极的解决方法。唐娜对孩子们的训练，实际上是我们每个人必修的功课。如果我们经常有意无意地暗示自己“我不能”，那么，这种坏的信念就会摧毁我们的一切，而“应该能”“一定能”等积极的暗示，则可以调动起我们积极的潜意识，使我们踏上成功之路。

值得指出的是：拥有自信不是什么困难的事，但也不完全是那么简单的事。想要拥有自信，第一件事就是要知道什么是真正的自信，许多广告媒体会塑造出自信的假象，让人们以为把眉毛挑得高高的，露出一副骄傲的神情，就是自信。许多人也会以为自己是有自信的，或是声称自信，实际上那和自信距离还很遥远！

自信和外在物扯不上关系。如果我们是因美丽而自信，当我们年老色衰时怎么办？如果我们是因金钱而有自信，世事无常，很可能哪一天我们的钱财会耗尽。如果我们是因拥有权力而自信，权力也不一定长久。

真正的自信是一种心境，它需要内在的东西来支持。就像当老师让我们写一篇作文的时候，我们的脑子里已充满了各种美妙的词句和构思，那么还会怕什么呢？我们会微笑着对自己说：“这有什么难的。”

空谈理想只会一事无成

世上有多少人，都埋怨自己时运不济，为什么人家会成功，自己却一点着落也没有。其实，他们不知道造成失败的主要原因是他们自己。他们一生其实也许毫无过错，只因本身的懦弱无能，陷于空谈之中。他们既没有坚强的意志，又没有持久的耐心，更没有敢作敢为的决断力。这些人如能彻底悔悟，寻求一个适当的目标，打定主意，摒弃空谈，持续不断地努力，他们的前途仍是光明的。

俗话说："空谈误国，实干兴邦。"的确，不着边际的空谈抵不过一步实在的行动。空谈所收获的无非是悔恨的感叹，而行动才会创造出沉甸甸的果实。

许多人习惯于玩嘴皮子功夫，遇事总是说说而已，毫无行动，这种人最终会浑浑噩噩，一事无成。曾有人这样计算，人生如果以70年寿命来算，除去少不更事和老不方便的10年，也不过2万余天，再除去睡眠的1/4到1/3时间，剩下的时间真可说是寸阴寸金。所以还是把那些有意义的事抓紧列出来，赶快去做，而不只是停留在嘴皮子上。

有一部作品名为"小领袖"，里面描写了一个凡事都迟疑不决的人，他嘴里一直在念叨着非把那棵阻碍交通的树砍去不可，但一直没有动手去砍，任凭那棵树渐渐长大。直到他须发斑白时，那棵大树依然屹立在那儿。最后他还说："我已经老了，应该去找一把斧头来！"

世上任何事情，如果不下决心去做，就永远没有成功的希望，要想获得成功，就非得打定主意专心致志地去做不可。

斯通作为公司销售执行委员会的7位执行委员之一，曾走访了亚洲和太平洋地区。在一个星期二的上午，斯通给某市的推销人员做了一次励志性的谈话。当天晚上，斯通接到一个电话，是一家推销金属柜的公司的推销员伊斯特打来的。伊斯特很激动地说："我记住了您给我们的自我发动警句：不要空谈，想到就做！我就去看我的卡片记录，分析了 10 笔死账。我准备提前兑现这些账，这在先前可能是一件相当棘手的事。我重复了'想做就做'这句话好几次，并用积极的心态去访问这 10 个客户。结果我做了笔大买卖！"

我们或许也懂得"想做就做"的道理，但是我们可能并没有把这个原则应用到我们自己的经历中。伊斯特做到了这一点，所以我们也能做到。

英国前首相本杰明·狄斯累利曾指出，虽然行动不一定能带来令人满意的结果，但不采取行动就绝无满意的结果可言。

因此，如果我们想取得成功，就必须先从行动开始。

然而，每天不知会有多少人把自己辛苦得来的新构想取消，因为他们不敢执行。过了一段时间，这些构想又会回来折磨他们。

记住：切实执行我们的创意，以便发挥它的价值。不管创意有多好，除非真正身体力行，否则永远不会有收获。

天下最可悲的一句话就是：我当时真应该那么做，但我没有。经常会听到有人说："如果我当年就开始做那笔生意，早就发财了！"一个好创意胎死腹中，真的会叫人叹息不已，永远不能忘怀。如果真的彻底施行，当然有可能带来收获。我们现在已经想到一个好创意了吗？如果有，马上行动。

我们一定要制定一个人生的目标，并认真制定各个时期的目标。但如果我们不行动，我们就像这样的一个人：此人一直想到北京旅游，于是设计了一个旅行计划。他花了几个月阅读能找到的各种资料——北京的艺术、历史、哲学、文化。他研究了北京地图，定了飞机票，并制定了详细的日程表。他标出要去观光的每一个地点，连每个小时去哪里都定好了。

安东尼·罗宾说过，行动是化目标为现实的关键步骤。有个朋友知道了此人对这次旅游的安排，到他家做客时问他："北京怎么样？"

"我想，"这人回答，"北京是不错的，可我没去。"

朋友惊讶地问道："什么？我们花了那么多时间做准备，出什么事啦？"

"我是喜欢定旅行计划，但我不愿坐飞机，受不了，所以待在家里没去。"苦思冥想，谋划如何有所成就，无论如何都不能代替身体力行去实践。没有行动的人只是在做白日梦。

我们最大的敌人是自己

人生最大的挑战就是挑战自己。有位作家说得好："自己把自己说服了，是一种理智的胜利；自己被自己感动了，是一种心灵的升华；自己把自己征服了，是一种人生的成熟。大凡说服了，感动了，征服了自己的人，就有力量征服一切挫折、痛苦和不幸。"

据说有科学家曾经做过一个实验：往一个玻璃杯里放进一只跳蚤，发现跳蚤立即轻易地跳了出来。重复几遍，结果还是一样。接下来实验者再次把这只跳蚤放进杯子里，不过这次是立即同时在杯上加一个透明的玻璃盖，“嘣”的一声，跳蚤重重地撞在玻璃盖上。跳蚤虽然遇到了阻碍，但是它不会停下来，因为跳蚤的生活方式就是“跳”。

随着一次次被撞，跳蚤开始变得聪明起来了，它开始根据盖子的高度来调整自己所跳的高度。再一阵子以后，发现这只跳蚤再也没有撞击到这个盖子，而是在盖子下面自由地跳动。一天后，实验者开始把盖子轻轻拿掉，跳蚤不知道盖子已经去掉了，它还是在原来的那个高度继续地跳。

三天以后，他发现那只跳蚤还在那里跳。一周以后发现，这只可怜的跳蚤还在这个玻璃杯里不停地跳着——其实它已经无法跳出这个玻璃杯了。

现实生活中，是否有许多人也在过着这样的“跳蚤人生”？年少时意气风发，屡屡去尝试，但是往往事与愿违，屡屡失败。几次失败以后，他们便开始不是抱怨这个世界的不公平，就是怀疑自己的能力，他们不是不惜一切代价去追求成功，而是一再地降低成功的标准——即使原有的限制已取消。就像跳蚤的“玻璃盖”，虽然已被取掉，但它们早已经被撞怕了，不敢再跳，或者已习惯了，不想再跳了。

打击不可怕，可怕的一再的打击让人心生恐惧。屡败屡战说来容易，做来却难，连以屡败屡战而扬名立万的曾国藩，也在几次失败后试图寻死。人有些时候也是这样，在历经挫折后，意志消沉，不敢再尝试跨越障碍。他们心里面默认了一个“高度”。“心理高度”是人无法取得伟大成就的根本原因之一。

我要不要跳？能不能跳过这个高度？我能不能成功？能有多大的成功？这一切问题都取决于自我设限和自我暗示！一个人在自己生活经历和社会遭遇中，如何认识自我，在心里如何描绘自我形象，也就是我们认为自己是个什么样的人，成功或是失败的人，勇敢或是懦弱的人，将在很大程度上决定自己的命运。我们可能渺小，也可能伟大，这都取决于我们对自己的认识和评价，取决于我们的心理态度如何，取决于我们能否靠自己去奋斗。

很多事情，并不是自己被别人打败了，而是自己被自己失败心理打败了！

勇敢地挺起胸膛，去接受那些我们所不能改变的，去改变那些我们所不能接受的。所有磨难，必将成为我们成功之后最为骄傲的勋章！

乐观的心态指引我们前行

17世纪法国启蒙哲学家卢梭曾经说过：“一个真正了解幸福的人，无论什么样的打击都无法使他潦倒。”美国小说家马克·吐温也曾说过说：“人生在世，必须善处逆境，万不可浪费时间，作无益的烦恼，最好还是平心静气地去办事，想出补救的办法来。辛勤的蜜蜂，永远没有时间悲哀。杰出的人们，会在逆境中磨砺意志，卧薪尝胆，秣马厉兵，展现非凡的人生风采。”

只有在逆境中我们才能真正获得快乐与幸福！一个热爱生活的人，必定善于面对生活中的逆境。或许，对于那些经历了许多风风雨雨的人来说，可以深刻体味出其中的滋味——在风浪中起航，更能体验到快乐！

如果我们拥有一颗积极向上、勇于攀登的心，就能够在逆境中找到快乐。即使再大的风浪，我们也能扬帆远航。

在现实生活中，假如我们没有被逆境所吓倒，反而以乐观的态度，把它们想象成理所当然的，那么，我们就极有可能把逆境变成了顺境的前奏。

为了做到这点，光是有钱、荣誉，有个漂亮妻子，还是不够的——这些福分都是无常的，而且也很容易习惯。为了不断地感到幸福，甚至在苦恼和愁闷的时候也感到幸福，那就需要：善于满足现状，很高兴地感到：“事情原来可能更糟。”要做到这点其实并不难。

要是火柴在我们的衣袋里燃起来了，那我们应当高兴，而且感谢上苍：“多亏我们的衣袋不是火药库。”

要是我们的手指头扎了一根刺，那我们应当高兴：“挺好，多亏这根刺不是扎在眼睛里！”

要是有穷亲戚上门来找我们，那我们不要脸色发白，而要喜气洋洋地叫道：“挺好，幸亏来的不是警察！”

如果我们不是住在边远的地方，那我们一想到命运总算没有把我们送到边远的地方去，我们岂不觉着幸福？

如果我们的妻子或者女儿在练钢琴，那我们不要发脾气，而要感激这份福气："我们是在听音乐，而不是听狼嚎或者猫叫的音乐会。"

我们该高兴，因为我们不是劳累的马，不是微小的旋毛虫，不是供人宰割的猪，不是愚蠢的驴，不是笼子里关着的熊，不是人见人厌的臭虫……我们要高兴，因为眼下我们没有坐在被告席上，更没有看见债主在我们面前。

要是我们被送到警察局去了，那就该乐得跳起来，因为多亏没有把我们送到地狱的大火里去。

要是我们有一颗牙痛起来，那我们就该高兴：幸亏不是满口的牙痛起来。

要是我们的妻子对我们变了心，那就该高兴，多亏她背叛的是我们，不是国家。

要是我们挨了一顿木棍子的打，那就该蹦蹦跳跳，叫道："我多么运气，人家总算没有拿带刺的棒子打我！"

依此类推。只要按这种乐观的方法去做，我们的生活就会变得欢乐无穷了。

而在困境中，除了乐观之外，我们还须得有征服困难的坚强意志。没有这种意志的人们常常浸泡在痛苦中。一道道伤痕，一次次心痛，一滴滴泪水，让他们自怨自怜悲叹不已，丧失了做人的斗志。

幸福来源于我们自己，不幸是命运强加给我们的。战胜命运，就是我们的幸福，没有战胜命运，就是我们的不幸。许多逆境通常是好的开始。有人在逆境中成长，也有人在逆境中跌倒，这其中的差别，就在于我们如何看待。硬是在地上赖着，爬不起来的人，注定只能继续哭泣，而能立刻站起来的人却能成就更好的自己。幸福是甘美的，如同一杯美酒，越陈越醉人，也越容易被人喝干。

而且，逆境会让人变得更深刻，顺境却容易让人变得浅薄。霍兰德说："在黑暗的土地上生长着最娇艳的花朵，那些最伟岸挺拔的树木总是在最陡峭的岩石中扎根，昂首向天。"人生中，并不是每一次不幸都是灾难，早年的逆境通常是一种幸运。与困难作斗争不仅磨炼了我们的意志，也为日后更为激烈的竞争准备了丰富的经验。

有的时候，顺境会变成一个陷阱，因为身处顺境的人很容易为眼前的景致所迷惑而失去危机意识，历史上人生一帆风顺而最后身遭其祸的人举不胜举，在这里，成功反而成为失败之母。在逆境中，有的人自杀，有的人疯狂，也有的人化作不死鸟，涅槃后而重生，从他身上发出的光照亮了世间各个角落。

无论多大的苦难，多大的风浪，也无法磨掉我们的斗志，无法抹杀我们与命运搏斗做出的努力。只有在逆境中我们才能真正了解快乐与幸福是什么！只有在逆境中我们才能真正正视自我！

我们所能依赖的只有自己

成大事者的身上具有许多种优秀品质——勇敢、忠诚、创新、进取，当然独立也是这些品格中不可缺少的品质之一。如果一个依赖于他人的人也会获得成功的话，恐怕历史上就不会有很多民族为独立而战了。

依赖别人的习惯，是阻止我们步向成功的绊脚石，要想成大事我们必须把它们一个个踢开。

有一位学术界知名的学者曾告诫青年学生们说：“如果我们过分依赖别人，那我们就会很容易上当，因为我们不能辨别他的话究竟是对的还是不对的，而我们对别人的动机也就茫然不知。”

有些年轻人生活在优越的环境里，父母的溺爱使他们养成了依赖别人的习惯，失去了独立的能力，因此成了生活中的低能儿。他们在父母的羽翼下可以安然地生活，因为他们感受不到外界的任何压力，但是一旦走出家庭，独立面对社会，他们的缺陷就会暴露无遗，在激烈的竞争之下，他们能否生存得下去，真是令人担忧。

孙明辉是一名优秀的学生，从小学到高中毕业，学习成绩一直名列前茅。然而就是这样一个高智商的优等生，在生活中却是一个低能儿。从进小学到中学毕业的 12 年，由于他学习成绩好，深得学校老师们的称赞和父母的厚爱。父母为了使他集中精力读书，成为一个有出息的人，家中什么活儿都不让他干，做饭、洗碗、洗衣服等等，甚至连他的床铺也是父母替他收拾的，每次吃饭都是母亲把饭端到他跟前，真可谓饭来张口，衣来伸手。因此，到他十七八岁时，和他同岁的孩子什么活都能干，而他却连叠被子、洗碗的基本自理能力都没有。孙明辉以全县第一名、全省第三名的优异成绩，考入了全国重点大学——清华大学。这一振奋人心的喜讯，给家里带来前所未有的欢乐，亲戚朋友都投以羡慕的目光，称赞他聪明。同年夏天，孙明辉以无比兴奋的心情，来到了首都，跨进了令人向往的清华大学，实现了成为一名大学生的愿望。然而，开始大学生活没多久，他由于没有起码的生活能力，自己不会买饭，不会洗衣服，不能独立生活，感到十分苦恼，尽管同学们也给了他应有的帮助，但还是解决不了他的实际生活问题。在这种情况下，他只好向校方申请休学。学校根据他入学后的实际情况，批准了他的申请。第二年开学时，学校给他寄去了复学通知书。但谁也没有料到，接到复学通知书的孙明辉，居然因惧怕离开父母后自己不能独立生活而悲观厌世，在这种思想驱使下，他纵身从高楼跳了下去，过早结束了自己的生命。

社会不是家庭，社会也不是妈妈，社会是充满竞争的地方。如果我们要做一个成功的人，那就应该是个自立自强的人，首先我们就应该有能力对自己负责。当我们陷入困境、遭遇孤独的时候，如果仅仅简单地去抱怨社会冷漠、别人自私是不行的。这只说明我们对外界的依赖性太强，我们太脆弱。依靠别人来解决我们的问题当然容易多了，无论发生任何事，有个人可以商量总能让人觉得内心安定些。如果再进一步，别人愿意承担起完全的责任，自己更是完全松懈下来，表面上轻松了，但结果成了一个无法独立的弱者。所以，当我们遭遇逆境的时候，我们首先应该依靠自己。这并不是教我们在社会上打肿脸充胖子，更不是教我们万事不求人，而是想告诉我们，求人不如求己，先自立才能自强。

依赖别人就意味着命运掌握在别人手中。没有独立做前提，成功也许只是个假设。自立自强是成功者的必备条件，历史如此，现实生活也是这样。独立习惯的养成，对一个人的事业、未来、人生都有莫大的好处，所以若想成就事业，就要学会自立。

我们内心的傲气与傲骨

“人不可有傲气，但不能无傲骨。”这句话是著名艺术大师徐悲鸿的一句名言。

傲气者，高傲之气也，好过分显露与炫耀自己的才华，张扬得目空一切，是眼睛朝天、目中无人的表现，是有三分才非要表现十分能的那种行为，是自以为是的虚妄，是天下才子舍我其谁的狂悖。这种人与人交往时盛气凌人，其典型的特征是骄气、霸气加匪气。特别是当他有了一定的权力或地位时，还会变成了牛气。项羽有傲气，因而兵败乌江，饮恨自刎；关羽有傲气，因而兵败麦城，死于非命。傲气是成功最可怕的隐患，是自我淘汰最强劲的催化剂，被人嗤之以鼻。

傲骨，就是人们常说的刚正不阿的铮铮铁骨。傲骨不是骄傲，而是一个人内心深处对自身的欣赏、对自身的珍惜。我们可以将他打趴99次，但他只要有一丝力气一定会站起来；我们可以说贬低得他一文不值，但他深信自己能够大有作为。有傲骨的人，重物压不弯，狂风吹不倒，冰雪冻不住，巨浪冲不走。有傲骨，折长戟，断银缨，摧铁堡，销重甲。傲骨不是以斤来论，也不是以钱来论，更不是以小人心来度的。一个有傲骨的人才是一个真正的人。

对于傲气与傲骨，华人首富李嘉诚在一次演讲中联系他的亲身经历，作了细致的剖析。有一家大公司的老板，答应和李嘉诚做一宗生意，后来这个老板反悔了。李嘉诚找到那个老板，问道："你们答应了我的事情，怎么又突然反悔呢？这样做是不对的。如果我是你们，一定会睡不着觉。"但是对方傲气十足地说："我不会像你们一样，我会像婴儿一样睡得很舒服。"三天之后，那个人来找李嘉诚，并且愿意多付50%的价格来完成原来反悔的交易。于是李嘉诚问他："你们当初不是说做不成这单生意，一样可以像婴儿一样睡得很舒服吗？"对方老老实实地回答："那天之后，我还真没有睡过一个好觉。"

那个人尽管是一个大老板，但和李嘉诚相比又算得了什么呢？我们牛气冲天，但强中更有强中手。强人的手指头动一下，我们家就会有地震的感觉，能睡得好觉？

李嘉诚又说，傲气常常令一个人认为自己很了不起，它就像一个杯子装满了水，再也装不下其他东西，而那些装不下的东西，有时比水的价值不知高出多少倍。

说完傲气，李嘉诚又说了傲骨这个话题，那也是他亲身经历的。二十多年前，他刚投身塑料花行业，必须经常到洋行去洽谈生意。有一次他与一个占他工厂生产额九成以上的大客户开会谈合约的事。客户傲气十足，处处以居高临下的姿态对待李嘉诚。起初他忍让着，认为和大客户谈生意难免要受一些气。后来对方说："如果你们没有我们公司的支持，你们会怎么样？"李嘉诚顿然拍案而起，说："请你们马上离开。"他这一拍案，把桌子上的水杯翻倒了。事后他认为这是必要的做法，经商之道固然以利字为先，但若无原则地听任他人，连半点傲骨都没有，到头来吃亏失败的必定是自己。

傲骨，是一种内心世界的顽强品质，是敢于面对恶劣环境不卑不亢的底蕴。梅有傲骨，因为她能蔑视严冬的冷酷；牡丹有傲骨，因为她能不畏权贵的淫威；陶潜有傲骨，因为他不肯为五斗米而折腰；朱自清有傲骨，因为他宁愿饿死也不吃美国的救济粮。傲骨，是骨子里具备的抗争或者叛逆思想，这种思想被人所称颂，被人所推崇。

可见，傲气与傲骨之间简直是云泥之别。在傲骨面前，傲气苍白无力，因为傲气充其量是绣花枕头，败絮其中，而傲骨仿佛是深藏不露的绝世武功，威力十足。

让自己变强大才有更好的结果

一棵苹果树终于开花结果了，它非常兴奋。

第一年，它结了10个苹果，9个被动物摘走，自己得到1个。对此，苹果树愤愤不平，于是自断经脉，拒绝成长。

第二年，它结了5个苹果，4个被动物摘走，自己得到1个。“哈哈，去年我得到了10%，今年得到20%！翻了一番。”这棵苹果树心理平衡了。

而它旁边的梨子树，第一年也结了10个苹果，9个被摘走，自己得到1个。他继续成长，第二年结了100个果子。因为长高大了一些，所以动物们没那么好采摘了，它被摘走80个，自己得到20个。与苹果树同样从10%到20%，但果子的数目相差20倍。

第三年，梨子树很可能结1000个果子……

其实，在成长过程中得到多少果子不是最重要的，最重要的是树在成长！等果树长成参天大树的时候，我们自然就会得到更多。

其实，人也如同一株成长中的果树。刚开始参加工作的时候，我们才华横溢，意气风发，相信“天生我材必有用”。但现实很快敲了我们几个闷棍，或许，我们为单位做了大贡献没人重视；或许，只得到口头重视但却得不到实惠；或许……总之，我们觉得就像那棵苹果树，结出的果子自己只享受到了很小一部分，看起来很不公平。

为什么付出没有回报？为什么……？我们愤怒、我们懊恼、我们牢骚满腹……最终，我们决定不再那么努力，让自己所付出的对应自己所得到的。

不久之后，我们发现自己这样做真的很聪明。自己安逸省事了很多，得到的并不比以前少。我们不再愤愤不平了，与此同时，曾经的激情和才华也在慢慢消退。我们已经停止成长了。而停止成长的人，还有什么前途、盼头呢？

这样的令人惋惜的故事，在我们身边比比皆是。之所以演变成这样，是因为那些人忘记生命是一个历程，是一个整体。总觉得自己已经成长过了，现在是到该结果子收获的时候了。他们因太在意眼前的结果，而忘记了成长才是最重要的。

有一个年轻人在一家外贸公司工作了一年，而且苦活累活都是他干，工资却是拿最低。他曾试探性地与老板谈了待遇问题，但老板没有任何给他涨工资的迹象。

这个年轻人本来想混日子过算了，同时骑驴找马另寻他路。当年轻人把自己的想法告诉了一个年长的朋友，他的朋友建议他："出去试试也不错，不过，你最好利用现在这个公司作为锻炼自己的平台，从现在开始努力工作与学习，把有关外贸大小事务尽快熟悉与掌握。等你成了一个多面手与能人之后，跳槽时不就有了和新公司讨价还价的本钱了吗？"

年轻人想想朋友的建议也有道理。利用这样一个有工资得的学习场所，也是不错。

又是一年后，朋友再次见到了这位昔日不得志的年轻人。一阵寒暄过后，问年轻人："现在学得怎么样？可以跳槽了吧？"年轻人兴奋中夹杂着一丝不好意思，回答道："自从听了你的建议后，我一直在努力地学习和工作，只是现在我不想离开公司了。因为最近半年来，老板给我又是升职，又是加薪，还经常表扬我。"

这就是一个"成长"的人的收获。我们长得越壮越大，别人就越不敢怠慢我们。退一步说，即使被怠慢了，我们一身好武艺，何愁没前途？

第二章
积极做事，你才能把握住机会

我们是否经常觉得自己怀才不遇，空有一腔热情却没有施展的舞台？我们是否经常会觉得自己这匹“千里马”遇不到自己的伯乐？甚至一度怀疑自己被命运所捉弄，得不到自己应得的一切。

其实在我们一生中，机会虽然很多，但同时陷阱与因自己阅历不够而未能发现的机会也很多，我们除了需要一定的耐心，还要时时刻刻地提升自己的能力，这样才能在机会出现的同时抓住它。而我们也不需要一直等待机会的降临，当我们的能力足以创造机会的时候，我们就可以勇敢地站出来并创造机会。

在自己身上找原因

“人们总是把自己的现状归咎于运气。我不相信运气。出人头地的人，都是主动寻找自己所追求的运气。如果找不到，他们就去创造运气。”

现实生活中，我们可以经常听到一些怨天尤人的话，怪家庭，怪父母，怪学校。总之都是他们的错。这些人，除了抱怨、忧愁以外，并没有想过怎么样去改变现状，不会为自己创造机遇，只会守株待兔，等来的不是成功，而是失败、平庸。

以下两个少年的不同人生经历印证了这一点。

有一个叫皮特的男孩，他的家庭背景很好。他的家庭给他了很大的帮助，他有很多的机遇去实现自己的梦想。皮特与他父母很是不同，他从小吃饭时都要问，这个菜里放的什么调料，那个菜要做多长时间。他的理想是做一名厨师，他也相信他能在厨师这个领域闯出一片天地，因为大家都觉得他做菜很有天赋，经常夸奖他。所以，他经常感慨道：“如果哪个酒店能请我去做一次饭，哪怕一个菜，我相信，那家酒店肯定会留用我。”他就一直等啊，始终没有人给他机会，而后他变得越来越烦躁、焦急。他不断地希望机会能到他身边，但始终没有如愿以偿。

另一个人叫迈克，他和皮特是好朋友，他们也有着同样的梦想，就是当一名厨师。但是迈克的家庭条件很差，他的父母都是打工者，父母为了家庭早出晚归，根本顾不上迈克。他家里连迈克读书的钱都凑不出来，于是他就只有一边赚钱一边读书。毕业后，他不是像皮特那样等待有人请他去做厨师，而是跑遍了整个加尼弗里亚的各家餐厅、酒店，但每次都被拒之门外。“我们只要有经验的厨师”。每次的碰壁令他十分失望。

但是，他并没有自暴自弃，他开始想着自己去创造机遇。他翻阅了许多杂志报纸，在网上查阅了许多招聘厨师的广告。终于发现了一个，一家写字楼旁的餐厅招聘送外卖的小工。他欣然地去了。

到了那家餐厅，迈克什么都争着干，积累了很多的经验。又过了一年，那家餐馆的厨师退休了，老板见他不错，很有潜力，就让他当上了餐厅的厨师。之后，有了迈克的忠实劳动，餐厅越来越红，分店分布到了加利福尼亚的每一个角落，而迈克则成了名厨。

从这两个男孩的身上我们可以看到，成功者和失败者的经历靠的不是运气，是努力。迈克不断地为自己创造机遇，积累经验，努力拼搏。而皮特，只是天天待在家无止境地等待。

机遇不会白白地被我们抓住，而是需要我们自己通过拼搏追求才能捕捉到。

要想机遇到我们身边，我们要主动地去寻找，准备好迎接机遇的到来。更多的是，我们应该通过自身的努力去创造机遇。一个人如果能很好地利用外界的机遇，又能创造机遇，那么这个人就一定会获得不菲的成就。

仔细认清什么才是机会

小小的机遇往往是成功的第一步。那些我们看似极其微小的事物，不去理睬他，说不定我们就失去了一条通往成功的捷径。在人生的每分每秒，我们都应该好好地把握和利用机遇，不要把什么都丢了。

传说，点金石是一块小小的石头，它能把任何一种普通金属变成纯金。一个人从书上看到关于点金石的记载：点金石就在黑海的海滩上，同成千上万的与它看起来一模一样的小石头混在一起，但是真正的点金石摸上去很温暖，而普通的石子摸上去却是冰凉的。于是他就买了一些简单的装备，在海边扎起帐篷，开始检验那些小石头。

他想，假如他捡起一块普通的小石头并且因为它摸上去冰凉就将它扔在地上，那么，他就有可能几百次地捡拾起同一块小石头。于是他想了一个办法，那就是，当他摸着冰凉的小石头的时候，就把它扔进大海。

就这样，他干了一整天，都没有捡到一块是点金石的小石头。然后他就又这样干了一个星期，一个月，一年，三年，五年……但是他依然没有找到点金石。

然而，他却还在继续这样干着：捡起一块小石头，是凉的，就把它扔进海里，又去捡起另一颗小石头，还是凉的，就再把它扔进海里……

但是，有一天上午，他捡起了一块小石头，而且这块小石头是温暖的……他想都没有想，随手就把它扔进了海里。因为这个时候，他已经形成了一种习惯，即把他捡到的所有小石头都扔进海里。他已经如此习惯于做扔小石头的动作了，以致当他真正想要的那一块点金石到来时，他也还是将其扔进了海里！

是否会为这个人感到惋惜呢？其实，生活中的我们也会常犯这样的错误。我们天天希望自己能够遇到一个绝佳的机遇，好让我们从此活出不一样的自己。因此，不停地去找寻，但是却在一次次地挑选中将到手的机遇白白丢掉。

李明在一家餐馆里做杂工，每个月的工资只有600元。他去工作的第一天，老板就问他："你到这里工作，就要对餐饮行业有很深地了解。这样，你才能更好地做好我们这个行业。"

李明每天都拼命干活。有不少人都嘲笑他："才600元一月，何必那么累死累活的。"

李明却对这个工作表现得很热心。几个星期之后，他渐渐发现，老板每天都要认真核算当天的收入和支出，算出每天的利润。由于老板没学过会计，干起来既费时又费力。于是李明就开始学习会计。有一天，老板有急事，没时间对账单了。这时李明就主动提出来帮老板对账单，由于他一直都在学习会计，结果他对账对得又准又快。慢慢地，对账单这个事情就全权交给李明负责了。

几个月过去了，李明被老板叫到办公室，老板说："李明，餐厅准备让你当财务部经理，这是一个很重要的职位，我想了好久，是你抓住了这个机会，还是让你来当吧。”

李明的工资涨到了3000元。由于他踏踏实实地干，一年后，他的工资涨到了7000元，此时，他已经是餐厅的一个副经理了。老板对他很是看好，语重心长地说：“李明，你是我见过最能抓住机会的年轻人了，对自己看重的机遇抓住不放，并且努力去实现，以后你会有更大的发展空间。”

在平常的工作中，发现机遇对一个人来说是很重要的。虽然这个机遇在短期内不能给我们带来很多的财富，但是机遇就像是滚雪球，越滚越大，财富会越来越多地流向我们。另外，有些人抱怨，我连机会都没有我怎么去为我的梦想奋斗啊。这些往往是不愿意努力就想成功的人的想法。我们的周围充满着机遇，只要我们拥有一颗上进的心，努力地去发现机遇、创造机遇，我们就会拥有别样的人生。

有些机会值得我们等待

力帆集团的创始人尹明善，出生于1938年，前半辈子历经了无数坎坷，甚至失去自由将近20年。年近半百时下海，赚得了人生的第一桶金。在54岁那年，以黑马的姿态闯入摩托制造业，短短几年的时间就成为中国摩托产业的领军人物。现在，尹明善带领着力帆，在国产汽车的路上二次创业。

尹明善在41岁那年才重获自由，47岁辞去公职“高龄”下海。51岁那年，带着做书商掘来的几十万现金，离开了“已是一眼见底”（尹明善语）的图书行业。

告别图书行业后，尹明善花了2年多时间寻找新的商机。他南下北上，东西考察，从容地寻找能令自己生根发芽成长发展的商机。其间，他甚至跑到四川外国语大学去强化了半年英语，成为该校年龄最大的学生。

在一次和一个经营校办摩托车厂朋友聊天时，尹明善获得了一个不起眼的信息：朋友工厂所需的摩托发动机要跑到河南去买，价格很高并且质量很差。本地的嘉陵、建设的发动机质量好，但因为同城又同行的缘故，他们不肯把发动机卖给本地小厂。正在到处探寻商机的尹明善，敏锐地从这个信息中看到了机会。在仔细研究了当时摩托行业的状况后，发现一个非常有趣的现象：建设集团修配部的发动机全套配件加起来不足1500元，而发动机的总成能卖2000元。也就是说，如果自己动手组装了卖的话，中间有很大的利润空间。

同时，通过进一步的深入了解，尹明善还发现尽管当时的摩托车市场热浪灼人，但发动机一直是“瓶颈”，国内只有50毫升和70毫升两个型号，其余大多从日本进口，当地摩托车小厂还不得不远到外地去买价高的国产发动机。尹明善的判断是：摩托行业的技术空间很大，创新空间更大，利润空间非常大。

年已满54岁的尹明善，决定进入摩托车行业。1992年，他掏出他第一次创业时所赚的20万元，注册成立了“轰达车辆配件研究所”。尹明善当时投下全部身家20万，20年后已是上百亿。

尹明善做事从来不急不躁，他喜欢把自己比喻成一只聪明的猫：“会时时保持蹲伏的姿态，等待一阵风再度吹开这扇门时，一跃而出，我就是这样一只伺机而动的猫。”

机会与时间的完美结合，谓之“时机”。时机到了，就能将机会发挥到最大效用。战国时安陵君在获取封号前，只是楚王身边的一个宠臣。一个叫江乙的门客劝导安陵君找个机会向楚王示忠，以获得更稳固的政治地位，以保自己来日的富贵。安陵君问如何示忠，江乙献计：“您务必要向楚王表忠，请求能随他而死，亲自为他殉葬，这样，您在楚国必能长期受到尊重。”安陵君答应了。

安陵君口头上是答应了，但整整三年没有去实施。门客江乙看了很焦急，对安陵君说：“我和您说过要像楚王表忠的事，您也应承了，直到现在您还没有行动，看来我只有离开这个危机潜伏的地方了。”安陵君劝其留下，说：“我何尝不想表忠呢？但没有找到合适的机会啊。”

安陵君在苦等机会中度日如年。一次，楚王外出去游猎，安陵君有幸随游。一路上车马成群结队，络绎不绝，五色旌旗遮天蔽日。忽然一头犀牛像发了狂似的朝车轮横冲直撞过来，楚王拉弓搭箭，一箭便射死了犀牛。楚王随手拔起一根旗杆，按住犀牛的头，仰天大笑，说：“今天的游猎，寡人实在太高兴了！待我百年之后，又有谁能与我一道享受这种快乐呢？”安陵君听了，感觉机会来了，于是泪流满面地走上前对楚王说：“我在宫中有幸和大王席地而坐，出外和大王同车而乘，大王百年之后，我愿随从而死，在黄泉之下也做大王的褥草以阻蝼蚁，又有什么比这更快乐的呢！”

安陵君的这次表忠，看不出任何做作、谋划的痕迹，水到渠成，真诚自然。

果然，处于狂喜与惆怅之中的楚王听了非常感动，回宫后正式封他为安陵君，让其有了自己的封地。安陵君能够为了一个时机而等待三年，漫长的等待需要耐心、勇气与毅力，时机找不到，绝不出手。正是这种严格的时机把握，才有了他“三年不鸣，一鸣惊人”的奇绝效果。

改变自己才能发现机遇

桑迪·威尔在接受记者采访时说：“我想告诉你们，人不可能坐等生命中的一切，必须主动去争取。”

桑迪·威尔是美国花旗银行前董事会主席兼 CEO。在他任职期间，为公司的股票持有人创造了 2600% 的投资回报率，并在自己的职业生涯里实施了一系列令人瞩目的企业并购。2000 年，他还曾被美国《首席执行官》杂志评为“年度最佳 CEO”。

众所周知，美国的经济界人才济济、竞争激烈、波澜起伏，桑迪·威尔能够在其中脱颖而出，其成功的一大重要砝码就是能够先机而动，勇于改变。

“改变就是机会。做别人不看好的事是比较聪明的方式，我们会从中获得更多价值。”这是桑迪·威尔始终信奉的经商理念，也是他人生的成功法则。

桑迪·威尔并非天生想做企业家。上大学时，他曾想做工程师，毕业时曾经想做飞行员，但发现自己终究不是那块料，于是果断改行。1955 年，大学刚毕业便结婚的桑迪·威尔，为了养家糊口，误打误撞进入了一家证券经纪公司，在后勤办公室谋了一份月薪只有 150 美元的差事。

5 年后，逐渐熟悉金融服务业的桑迪·威尔与他的同伴，3 个同样是二十多岁的毛头小伙一起，挤在华尔街 37 号一个局促的角落里，创办了自己的公司。

创业的日子是艰苦的，而桑迪·威尔的创业则格外艰苦。作为一个来自父母离异的家庭，没有任何背景，差一点大学没有毕业，双手空空的年轻人，他创业所用的 30 万美元资金都是借来的。然而，面对生存的压力和华尔街的云谲波诡与变化莫测，桑迪·威尔却始终自信。

"因为很早的时候，我就把变化看成机遇。"桑迪·威尔并不惧怕变化，因为他明白，改变是机遇的钥匙。于是，凭借着他的自信和对于变化的良好把握，他的这间小公司稳定地成长着。

然而，作为一个领导者，桑迪·威尔却没有就此满足，他始终在寻求着新的改变。20 世纪 60 年代，当多数管理者陶醉于牛市之时，桑迪·威尔早就明白好景不长，为即将到来的股市风波做好了准备：他们放弃了流行的公司合伙制，取之以公共持股模式，让这家幼小的公司具有良好的资本来源和稳定的财务结构。20 世纪 70 年代，竞争对手们纷纷倒下时，桑迪·威尔公司不仅生存了下来，而且茁壮成长，经历变革、扩张，在 1970 年的证券业危机中鲸吞美国证券业最大的公司之一海登斯通，让自己的公司规模扩大了 30 倍。之后，桑迪·威尔又领导了一系列大胆收购，使公司成为当时美国最大的证券公司之一。

这就是桑迪·威尔的故事，一个不是神话的神话，一个不是奇迹的奇迹。如同许多的成功者一样，桑迪所做的，只有一件事：在变化的路口，向机会转了一个身。所以他成功了。

随外界环境变化及时调整自身行为，也是聪明和愚蠢的分野之一。不管具体情况如何，抱着既定的条条框框，不思修正变革，“一条道跑到黑”，这是蠢人的做法；以外界环境的变化为参数，灵活机动，具体问题具体分析，进退自如，取舍随机，这是聪明之为，也是应变能力的真实体现。

有效利用好当下的每一天

我们的时间是以光速飞驰的，过去了，就永远不会再拥有。生活是在一个只有今天的密封舱里，只要抓住了今天的 24 小时，机会女神就没办法从我们手中逃走。

一位富翁去世之后，将遗产全数留给了儿子，其中包括一处他几乎不去的别墅。有一天，他的儿子好奇，来到了这处别墅，想看看无人居住的别墅破败成了什么样子。

给他开门的是别墅的管家，一袭干净着装的管家没有见过富翁的儿子，只把他错当成了参观者，于是便很有礼貌地带富翁的儿子参观别墅。

富翁的儿子一边走一边问：“您在这里住多久了？”

“有 16 年了。”管家答道。

“为什么没有看见你的主人？”富翁的儿子在试探管家。

“主人不住在这里，他很少过来。”管家回答道。

“那么就你一个人在这里生活吗？”富翁的儿子又问。

“是的。一直以来我都是一个人独自在这座城堡中的，即使是像您这样的陌生人也很少来。”管家说。

“可是你把别墅整理得井然有序，树木扶疏茂盛，好像等候主人明天驾临。”富翁的儿子好奇地问。

“先生，应该是今天！我每天都认为主人会在今天莅临。”管家如此回答。

“是的，管家，主人今天就在你面前。”富翁的儿子说完，拿出了富翁的遗嘱，告诉他代表父亲接管这个花园。同时，为了表达对管家十多年如一日地照顾别墅的谢意，富翁的儿子将别墅赠送给了管家。

管家幸运吗？不，他一点都不幸运，在他身上闪光的是坚持和希望。就像他自己说的那句话一样——应该在今天！好好地把握住每一个今天，把每一个今天都做得有声有色。一旦我们这样做，我们将会看到：机会更垂青于自己。

人到三十，难免瞻前顾后，或者埋怨自己怎么那么倒霉没有遇到一个好的机会，或者悔恨自己这么那么疏忽居然错过一个好的机会。其实，这些埋怨与悔恨的情绪大可不必。像那位管家一样，“生活在今天”，终会有意想不到的收获。

那些功成名就的人物绝大多数都是孜孜不倦、勤勉不辍的工作者，他们充分利用了每天的光阴，或是学习，或是工作，进行自我提高。

有能力的人善于创造机会

拿破仑虽然出身于科西嘉贵族，但只是徒有“贵族”之名而已，家境实在是贫困不堪。在少年时代，拿破仑的父亲把他送进了一所贵族学校，以便接受更好的教育。在这所贵族学校，到处游晃的公子哥儿，他们喜欢攀比与夸耀谁富有，瞧不起那些穷苦的同学。这种对弱势小众的鄙视与讥讽，虽然引起了拿破仑的愤怒，但他却只能忍受。

后来他实在受不住了，就写信给父亲，说道：“为了忍受这些外国孩子的嘲笑，我实在疲于解释我的贫困了，他们唯一高于我的便是金钱，至于说到高尚的思想，他们是远在我之下的。难道我应当在这些富有高傲的人之下谦卑下去吗？”

“我们没有钱，但是我们必须在那里读书。”这是他父亲的回答，因此使他忍受了五年的痛苦。但是每一种嘲笑，每一种欺侮，每一种轻视的态度，都使他增加了决心，发誓要做出一番成就。

等他到了部队时，拿破仑矮小的身高、瘦弱的体格，注定在部队依然只能默默地活在底层。他唯有埋头读书，去努力和别人竞争。在部队里，他脸无血色，孤寂，沉闷，但是他却不停地读书。他想象自己是一个总司令，将科西嘉岛的地图画出来，地图上清楚地指出哪些地方应当布置防范，这是用数学的方法精确地计算出来的。因此，他数学的才能获得了提高，这使他第一次有机会表示他能做什么。

终于，长官看见拿破仑的学问很好，给了他一个机会：在操练场上执行一些任务，这是需要极复杂的计算能力的。他的任务完成得非常棒，于是他又获得了新的机会……就这样，他一个台阶一个台阶地往上走，直到走成举世闻名的法国皇帝。

而那些从前嘲笑他的人，随着他的步步高升逐渐涌到他面前来，想分享一点他得的奖赏；从前轻视他的人，都以成为他的朋友为荣；从前揶揄他是一个矮小、无用、死用功的人，现在也都改为尊敬他、崇拜他。

从一个破落的贵族子弟到法国皇帝，其中需要多少机会的桥梁！这些机会绝对不是从天上降下来的，而是通过他不停地努力而创造出来的。他确实是聪明，他也确实是肯下功夫，还有一种力量与知识或努力同样重要，那就是他那种“卒子过河”的野心。

机会在于我们没有机会时的持续努力，还在于我们处心积虑的策划。机会是可以创造的。汉武帝继位后，在全国征请有才干的人，东方朔得到选拔录用。汉武帝命他当公车署待诏，职位很低，俸禄微薄。东方朔很想与汉武帝接近，显示自己的才华以期受到重用，于是他策划出了一个巧妙的计策。

一天，东方朔哄骗宫中看马的侏儒们，对他们说："我们一不能种好地；二不能疆场征战；三不能为国家出谋献策，留我们这些人只能是白白浪费粮食，又有什么用处呢？所以皇帝决定要杀掉我们。"

侏儒们听完东方朔的话，个个吓得面如土色，全都哭了起来。东方朔劝他们不要哭，应该想些办法。这些侏儒都用渴望的目光看着东方朔说："大人能有什么办法救我们不死吗？"东方朔教唆他们说："皇上就要从这里经过，我们何不叩头请罪，以求赦免呢。"

没过多久，皇帝果然前呼后拥地经过这里，侏儒们急忙跪在地上朝着皇上痛哭。皇上令手下人问原因，侏儒们回答："东方朔告诉我们，说皇上认为我们活在世上是无用之人，要将我们全部杀掉。"

皇上听后勃然大怒，生气于东方朔如此胆大妄为，散布谣言，当即令人传见东方朔，责问道："你为什么造朕的谣言，该当何罪？"

东方朔终于有了面见皇帝的机会，毫无惧色地说："我活也要说，死也要说。侏儒身高三尺，俸禄是一袋粟，钱是二百四十；臣东方朔身长九尺多，俸禄也是一袋粟，钱也是二百四十。侏儒吃得饱饱的，而我却饿得要命。如果臣东方朔说的都是实理的话，请用厚礼待我；如不可采纳，请皇上准许我回家，以免白吃长安的米。"

汉武帝听后哈哈大笑，弄明白了事情的来龙去脉，遂赦免了东方朔的死罪。不久，东方朔被任命为金马门待诏，得到了皇帝的重用。

在现实生活中，我们不要成天哀叹没有实现自我价值的机会。一个真正有能力的人，不是单纯地依靠等待机会来显露能力，而是能用能力来创造机会再用能力来把握机会。可以这样说，一个不善于创造机会的人，不是一个有能力的人。

发现并运用自己的闪光点

当那些与我们类似的“小人物”迟疑、退缩的时候，我们应该信心十足地说：“我可以表达自己的想法吗?”“让我来试一试吧!”“我相信我能做好!”如果对自己的能力还没有信心，那建议我们什么都别说，去埋头苦练吧。

一个叫张黔的博士在进入微软时，由李开复主持面试。面试过程中，除了回答李开复的问题以外，张黔还在合适的时机提醒李开复说：“我们还没有谈到某某方面的事情，而我觉得它对这个工作岗位很重要。”她所说的那个领域也正是她自己的强项。最后，当李开复问她有没有问题要问时，张黔问：“你们对我有没有什么顾虑?”当时，李开复对张黔能否进入新的研究领域有所疑虑，于是就进一步问张黔一些这方面的问题。张黔举出了两个很有说服力的例子。结果，李开复当即决定录用张黔。从众多应聘的卒子中脱颖而出后的张黔，进入了微软亚洲研究院这个宽广的舞台，并成了其中非常出色的中国博士，曾被 MIT 的《科技评论》评为“世界百名青年创新学者”之一。

如果我们正在为缺少展示自己能力的机会而郁闷，或者因为总是扮演一些小角色而心有不甘，我们不妨找一找自己有哪些强项？找出来，快运用到我们的工作与交际中去。如果我们对自己还没有一个准确的把握，不妨问自己两个问题：从小到大我做什么事情是最出色的？我的事业发展在今后最需要哪些能力？从这两个问题出发，培养自己的强项。只有把自己做强后，才可能把自己做大。

公元前 258 年，秦军包围赵国国都邯郸。赵王派平原君出使楚国，与楚联盟抗秦。平原君准备带领 20 名精明强干、文武兼备的门客跟随。他精心挑选一番，只选出了 19 名，再也选不出合适的人了。这时门客中有个叫毛遂的走上前来，向平原君自我推荐说：“我听说您将要出使楚国，准备带家中门客 20 人，现在还缺一人，希望您就把我当成其中的一员吧。”

平原君说：“先生到我的门下几年了？”

毛遂说：“已经三年了。”

平原君说：“有才能的人在处世上，就像是一把锥子放在口袋里一样，那锋利的锥尖很快就会透出来。如今先生在我的门下住了三年，可左右的人没有称颂你的，我赵胜也没有听说你呀。这似乎说明你没有什么才能，先生还是留在家里吧。”

毛遂说：“我只是今天才请求你把我装进口袋里去罢了。假如我这只锥子早一点进口袋里，早就脱颖而出了，难道仅仅只是露一点锋芒吗?"

平原君觉得毛遂的话很有道理，便抱着试试看的心理答应带毛遂与其他 19 人同去楚国。

到了楚国，毛遂凭借自己的血性与智慧把楚王说服，为赵国立下奇功，也为自己挣来了莫大荣誉。

不要坐等伯乐上门，我们若是千里马的话，就拿出毛遂自荐的勇气。不管是伯乐找到了千里马，还是千里马找到了伯乐，对于双方都是幸事。求贤若渴与怀才不遇从古至今都是相伴相生。哪怕是在资讯极其发达的今天，还是有不少人才找不到合适的位置，而同时不少位置又找不到理想的人才。

越坚韧越能等待并抓住机会

上帝是公平的，给了我们困苦，同时也赋予了我们坚韧的个性。机会是均等的，假如没有机会，我们就要靠奋斗去创造机会。

王永庆是台湾著名的塑胶大王，台湾富豪榜位居次席，旗下的“台塑集团”下辖 9 个公司，员工总数超过 7 万人，资产总额达 1.5 万亿新台币，进入世界化学工业界“50 强”。王永庆以其坚韧的毅力和独到的管理理念，缔造了一个从白手起家到亿万富翁的神话，被人们尊称为“经营之神”。

还是在王永庆早期经营米店时，他发现了一个现象：由于缺少食物，农民家养的鹅都很瘦小。于是他就四处收购瘦鹅喂养，待鹅长肥后再转手卖掉，赚取了丰厚的利润。从中他也明白了这样一个道理：人在困境的时候就如同一只瘦鹅，必须要忍饥耐饿，坚韧不屈，等待机会的到来，一旦时机成熟或者机会到来，瘦鹅更容易变成肥鹅。

出身贫苦的王永庆，小时就如同一只瘦鹅的处境，生活困苦、举步维艰，他正是凭借困苦中磨炼出来的坚韧意志和坚持不懈地奋斗，最终完成了从“瘦鹅”向“天鹅”的蜕变，也给我们留下了深刻的启示。

王永庆正是在正确地面对困境，在磨炼自己吃苦耐劳性格的基础上，努力地去创造机会，并成功地把握住了机会。

童年的王永庆是在贫困中度过的，戴一顶破草帽遮阳，拿一块破布当书包，勉强读完小学就辍学了。15岁就到米店当了一名小工，只身在外面闯荡，生活困苦可想而知。可就是在这样的困境中，王永庆能够积极地面对，处处留心、努力学习，不断地积累从商经验。在送米的过程中，他注意留心经营窍门，学着讨价还价，第二年就借钱自己开了家小米店。由于诚信经营、服务独到，米店生意越做越红火。此后，王永庆办过碾米厂、砖窑厂、木材厂，虽然都是无疾而终，但是他积累了可观的原始资本和丰富的从商经验，王永庆的命运也随之发生了变化。

50年代初，台湾决定利用美援兴建石化工业，生产原料“聚氯乙烯”。当时台湾的其他企业家们觉得前景不明不敢接手，虽然当时的王永庆对该产品也不甚了解，但勇于尝试、善于把握机会的他还是接手了这一业务，被嘲讽为“全台湾最自不量力的人”。

试想倘若没有当时涉足塑胶的勇气，或许就没有今天的塑胶大王，这一举动充分显示了王永庆对市场和机会的深刻洞察力。台塑集团能发展至今天，达到年营业额逾千亿元的规模，正是在产品滞销、本地市场狭小的困境中，王永庆努力扩大规模、开辟外地市场，抓住一个个别人看来不是机会的机会，艰难走过来的。

任何人在走霉运时，都要学习瘦鹅能忍饥耐饿，锻炼自己的忍耐力，培养毅力，等待机会到来。只要饿不死，一旦机会到来，就会像瘦鹅一样，迅速地强壮肥大起来。

人，就要像瘦鹅一样忍辱负重，等待时机：凋敝简陋的茅屋里，一个面孔坚毅的人侧倚在柴草之上，眉头紧锁，将心中的重重思绪深深刻进额前的皱纹里，这个曾经身为越国国君的人，为不忘国家被灭，自己沦为奴隶的耻辱，每日卧薪尝胆，经过漫长的等待后，在时机成熟的那一刻，终于创下“三千越甲可吞吴”的神话。

努力的人才能每次都抓住机会

机会具有很强的亲和性，它总是和那些喜欢努力的人交朋友。马克道厄尔原本只是阿穆尔肥料工厂的厂长，他之所以由一个速记员走向自己事业的顶峰，都是因为他做了非他分内的一些工作。

马克道厄尔最初是在一个懒惰的经理手下做事，那经理总是把事情推到自己下属的身上。他觉得马克道厄尔是一个可以任意驱使的人，因此经常指使马克道厄尔为自己干事。

马克道厄尔也总是服服帖帖的，叫干什么就干什么。

不过，马克道厄尔是一个十分细心的人，他在日常的生活中总是很注意观察厂里各方面的情况，尤其是老板阿穆尔先生的个人喜好。

机会终于来了。有一次，经理叫马克道厄尔替自己编一本阿穆尔先生前往欧洲时用的电报密码本。

这位经理的懒惰终于使马克道厄尔拥有了成功的机会。

一般人编电码都是随便编几个简单的符号就了事，马克道厄尔却不一样，他是将这些电码编成了一本小小的书，然后用打字机很清楚地打出来，并好好地用胶水装订起来。

电报密码本做好之后，经理便交给了老板阿穆尔先生。

阿穆尔先生仔细地看了看电报密码本，然后说："这大概不是你做的。"

经理只好战战栗栗地回答："是……马克道厄尔……"

阿穆尔先生立即命令："你叫他到我这里来。"

马克道厄尔到办公室来了。

阿穆尔说："小伙子，你是怎么把我的电报密码本做成这样子的呢？"

马克道厄尔答道："我想这样您用起来可以方便些。"

几天后，马克道厄尔就在厂里独自拥有了一间办公室。

又过了几天，他便取代了自己的顶头上司也就是那位经理的职位了。

从马克道厄尔小小的成功中，我们不难看出，如果他当初不是有所准备，没有细心地多付出一点点，他是不会有成功的可能的。

著名的房地产经纪人戴约瑟的成功经历也能说明这一问题。

14岁的时候，戴约瑟还只不过是一家贸易公司的听差，当时，在他看来，自己要做一个售货员简直是一件不可能的事，而这却正是他最想做的。

正因为他有着想做一个售货员的强烈欲望，因此他总是十分细心地观察公司里来来往往的顾客，观察他们的一言一行，尤其是注意公司上下进货供货的流程安排，还不时地询问求教。

机会终于降临到了他的身上。

一天下午，从芝加哥来了一位大主顾。这天是7月3日，主顾要于7月5日动身前往欧洲。他在动身之前必须订好一批货，而这批货要等到第二天才能办好。但第二天是国庆日，是放假的日子。

按照一般订货的程序，主顾先把各色货样看过，然后选定他所想要的货。售货员再把所订的货与货单一一核对。

于是，店家允诺第二天将会有一个店员来为这位难得的大主顾办理一切。

但是谁也没想到，这位店员却推托说他的父亲非常爱国，绝不肯叫他把国庆日这样浪费掉的。这当然是一种推托之词，真正的原因只不过是他想去看球赛而已。

很多年以后，当戴约瑟已经是一位很著名的房地产经纪人时，他在一次和年轻营销人员的谈话中提到了后来发生的故事。当说到自己人生中这第一次成功的经历时，他似乎还是那样的回味无穷，他说："我告诉那个店员说我愿意代替他工作，结果我成功了。在 17 岁的时候，我便是一个售货员了。"

从这个故事中我们不难看出，抓住机遇而又不打无准备之仗，对于一个梦想成功的人而言是多么重要。

大概 40 年前一个春天的傍晚，有一个青年人进入底特律的克利夫兰轮船公司的行李房里，自告奋勇地向一个行李经理——也是爱尔兰人要求给他帮忙，以至于那个爱尔兰人被弄得莫名其妙。

那爱尔兰人说道："你说你愿意为我提供帮助，但是不要钱？"

此时那个青年已经把衣服脱下来，好像老手一样把它丢在箱子旁边。

他笑着答道："我是新来的导游，就是想来看看这条航线的行李是怎样处理的。"

"但是，伙计，"那个爱尔兰人更觉得惊讶了，"现在已经过了七点，从五点半开始员工就应该休息了，而公司方面在上班外的时间是不会给我们额外的报酬的，无论我们把手弄得多么脏。"

"噢！那样也没关系，"那年轻人说，"这事是我自己愿意的，我现在是想除了与乘客接洽之外，再学一点儿别的东西，而我们这里就是一个开始学习的好地方。"

"那么，如果你非得帮助我不可，我们就开始吧！"那爱尔兰人最后说，"不过我觉得你恐怕是因为太寂寞了，如此美好的夜晚，大多数的年轻人都是想出去玩玩的。"

但是这个年轻人并不寂寞。他从搬运工干起，最终升为底特律与克利夫兰航业公司的总经理。

他就是湘兹。

我们要注意，这样做额外的工作，必须是以一种充满热忱而又自觉有趣的精神状态去做，这样才是会有成效的。

上述的那些人对于他们的工作都是觉得有趣的，如果是以埋怨的态度去做，或是专门想引起同事或上司的注意，博取他们的同情或称赞，那么工作就一定不会有什么成就。

成功的人并不是希望获得称赞，而是因工作本身有趣才这么做的。这也就是说，对待工作的态度比工作本身还重要些。希望我们能多做些，但是必须面带微笑，否则不如不开始。

第三章
持续努力，结果会证明一切

明明努力了为何得不到想要的结果？是我们努力的方向不对，还是我们根本就没有用尽全力？

我们应当知道，任何事情的结果都是与我们对待事情的态度和付出成正比的，得到的结果不会说谎，努力了终究会有回报。虽说是金子永远会发光，但也是要经过雕琢而璀璨美丽的。所以千万不要假装努力，最终欺骗和坑害的只能是我们自己。

爱好才是成功的关键

我们有没有留意到，很多人上班不久就打瞌睡、打呵欠，这不一定是因为疲劳。他们前一夜可能睡眠充足，但上班之后还是想睡，感到疲倦。那其实是心理因素所致，是由于他们对自己的工作不感兴趣。只因为要谋生计，才不得不朝九晚五忙碌奔波。即使他们努力去做，也不会把工作做得很出色，上班等下班，是不能激发出创造力和热忱的。

1965年，一位韩国学生到剑桥大学主修心理学。在每天喝下午茶的时候，常到学校的咖啡厅或茶座听一些成功人士举办的聊天会。这些成功人士包括诺贝尔奖获得者、某一领域的学术权威和一些创造了经济神话的人。这些人幽默风趣，举重若轻，把自己的成功都看得非常自然和顺理成章。时间长了，他发现，在国内时，他被一些成功人士欺骗了。那些人或许是潜意识里想炫耀自己，普遍把自己的创业艰辛夸大了。

作为心理学系的学生，他认为很有必要对韩国成功人士的心态进行深究。1970年，他把《成功并不像我们想象的那么难》作为毕业论文，提交给现代经济心理学的创始人威尔·布雷登教授。布雷登教授读后，大为惊喜，他认为这是一个新发现，这个现象虽然在东方甚至在世界各地都普遍存在，但还没有一个人大胆地提出来并进行研究。

惊喜之余，他写信给他的剑桥校友——当时正坐在韩国政坛第一把交椅上的朴正熙。他在信中说，我不敢说这部著作对我们有多大的帮助，但我敢肯定它比我们的任何一个政令都能产生震动。

后来这部书果然伴随着韩国的经济一起起飞了。它鼓舞了许多人，因为它从一个新的角度告诉人们，成功与“劳其筋骨，饿其体肤”、与“三更灯火五更鸡”、与“头悬梁，锥刺股”没有必然的联系。只要我们对某一事业狂热地感兴趣，长久地坚持下去都会成功。后来，这位青年也获得了成功，他成了韩国泛亚汽车公司的总裁。

有人曾问迈克尔·乔丹：“每天花那么多时间刻苦地训练，不觉得辛苦吗？”乔丹回答：“不，我觉得我很开心，因为我喜欢。”乔丹所说的“喜欢”，当然不是一般的喜欢，是“深爱”的意思。想一想，我们能在烈日下以苦为乐、坚持训练吗？——假设我们并不深爱篮球这项运动。

还有一个故事，说的是一个读者问一个有名的多产作家：“您夜以继日地独自坐在书桌边写作，不觉得生活枯燥吗？”作家回答：“你去问结满诱人果实的果树吧，问它从春天到秋天的日子是否枯燥？”

一个人有三分之一的甚至更长时间用在工作上，如果对自己所做的事业没有什么兴趣，那人生就会感到很沉闷，也很难有什么成就。每一个事业成功的人士，必定对他们的事业感兴趣，如此他们才会投入，可以日日去做，甚至夜以继日地去做，毫无倦意。

找到自己生命中的重心

每个人的生命应该有一个重心，或许我们常常因为错失一趟公车而郁闷；因为业绩考核不公而埋怨；因为薪水不如人而烦恼。这都是因为我们不知道我们生命的重心在哪里，一味地避重就轻，在琐碎的小事里虚度青春年华。我们是否曾经问过自己：我生命的重心在哪里？

一天，一位年近花甲的哲学教授在上他的最后一节课。在课程即将结束时，他拿出了一个大玻璃瓶，又先后拿出两个布袋，打开一看一个装着核桃，另一个装着莲子。然后他对同学们说："我今天给你们做一个实验，我还是在年轻时看到过这个实验的。实验的结果我至今仍然常常想起，并常用这个结果激励自己，我希望你们每个人也能像我一样记住这个实验，记住这一实验结果。"

老教授把核桃倒进玻璃瓶里，直到一个也塞不进去为止。这时候他问："现在瓶子满了吗？"

学过哲学的同学已经有了几分辩证的思维。"如果说装核桃的话，它已经装满了。"

教授又拿出莲子，用莲子填充装了核桃后还留下的空间。然后，老教授笑问道："你们能从这个实验里概括出什么哲理吗？"

同学们开始踊跃发言，并展开争论，有人说这说明了世界上没有绝对的满。有人说这说明了时间像海绵里的水，只要想挤，总可以挤出来的。还有人说这说明了空间可以无限细分。

最后，老教授评论说：“你们说得都有一定道理，不过还没有说出我想让我们们领会的道理来。你们是否可以反过来或逆向思考一下呢？如果我先装的是莲子而不是核桃，那么莲子装满后还能再装下核桃吗？

你们想想看，人生有时候是否也是如此，我们经常被许多无谓的小事所困扰，看着人生沉埋于这些琐碎的事情之中，到头来，却往往忽略了去做那些真正对自己重要的事情。结果，白白浪费了许多宝贵的时间。所以，我希望大家能够永远记住今天的实验，记住这个实验的结果，如果莲子先塞满了，就装不下核桃了。”

这就是我们常常犯的一个错误：避重就轻，明明知道哪个更重要，但总会找到各种借口和理由去躲避它。最后味淡的莲子尝了不少，却难得有机会去品尝那香甜的核桃。沉郁、苦恼，不过是一种心态的选择。所以我们应该清晰地认识到哪些事情最重要，哪些事情是最关键的。我们应该分清事情的轻重缓急，看清“气候”再选择。

一位搏击高手参加比赛，自负地认为一定可以夺冠。

当打到了中途，搏击高手警觉到，自己竟然找不到对手的破绽，而对方的攻击却往往能抓住自己的漏洞。

比赛结果可想而知，搏击高手失去了冠军奖杯。

他愤愤不平地回去找他的师父，央求师父帮他找出对方的破绽，好在下次比赛时打倒对方。师父却笑而不语，只是在地上画了一条线，要他在不擦掉这条线的情况下，设法让线变短。他百思不得其解，最后还是请教了师父。

师父笑着在原先那条线的旁边，又画了一道更长的线，两相比较之下，原来那条线，看起来立刻短了很多。

这时师父说道："夺得冠军的重点，不在如何攻击对方的弱点，正如地上的线一样。只要我们自己变得更强，对方也就在无形中变弱了。如何使自己更强，才是我们需要苦练的。"

人生的重心就是知道自己想要什么，知道自己的长处、短处是什么，发挥自己的优势，扬长避短，得到自己想要的。失败往往都是自己造成的，只有不断追求自我成长，不断进步，才会取得成功。

时刻让自己防患于未然

在自己工作岗位上，我们要抓住更多的机会去学习。不但需要自己去钻研，也要向有经验的人请教。科学合理地安排好自己的作息时间，按计划行事，将自己的时间充分地利用起来，勤而不舍。

如果我们本身能力已在一般人水准之上，学习能力又很强，那么我们的能力之"刀"将使我们很快地在团体中发出亮光，为人所欣赏。

有个人要盖新房，需要上山砍 100 棵树。第一天，他砍了 20

棵树。第二天，他也想砍 20 棵，可是费了很大的力气也只砍 15 棵。第三天，他起得更早，收工更迟，可是却只砍了 12 棵……第四天，他向过路的一个樵夫抱怨自己砍树的速度越来越慢，樵夫建议他不妨磨一磨斧子。这个人诧异地回答："我每天忙着砍树，哪里有时间去磨斧子？"

很显然，上文中忙得没时间磨斧子的"他"是愚蠢的。只是，在嘲笑之余，我们有必要自省一下：是否记得经常磨一磨"能力"这把刀。不要得过且过，要未雨绸缪。所谓"工欲善其事，必先利其器"，如果平时不勤奋地"磨刀""磨牙"，等机会来临，却发现自己能力不够，基础不实，再亡羊补牢，再临时抱佛脚，恐怕也已经为时晚矣啦。

一头野猪在大树旁勤奋地磨獠牙。狐狸看到了，好奇地问它："既没有猎人来追赶，也没有任何危险，为什么要这样用心地磨牙？"野猪答道："我们想想看，一旦危险来临就没时间磨牙了。现在磨好了利牙，等到要用的时候就不会慌张了。"

能力足的人通过"勤磨刀"可以闪闪发光，能力不足通过"勤磨刀"也是受益多多。先天资质不如他人，学习能力也比别人差，这类人如果认识到自己能力上的不足，那么为了生存与发展，也只有"勤磨刀"能补救，若还每天痴心妄想，不要说闪光发亮，有时连个饭碗都保不住。对能力真的不足的人来说，"勤磨刀"便是付出比别人多好几倍的时间和精力来学习，不怕苦不怕难地学，兢兢业业地学，也只有这样，才可能成为龟兔赛跑中的胜利者。

"勤磨刀"并不只是增长能力，在一个团体里，"勤磨刀"的人还会给自己带来很多其他好处：

1、塑造敬业的形象。当其他人浑水摸鱼时，我们的敬业精神会成为旁人眼光的焦点，认为我们是值得敬佩的。

2、容易获得别人谅解。当有错误发生，必须找个代罪羊时，一般人不大会找一个勤于工作的人来顶替。当做错了事，一般人也不忍指责，总是会不忍地认为，已经那么认真了，偶然出点错有什么。

3、容易获得老板的信任。当老板的喜欢用勤奋的人，因为这样他可以比较放心。如果我们的能力是真不足，但因为勤，老板还是会给予合适的机会。

鼓励自己做正确的选择

许多本来可以成为杰出人物的人，由于做出了错误的选择而变得默默无闻了。或许我们也是其中的一个，幸运的是亡羊补牢也为时不晚。我们不妨从现在开始理智地寻找出自己人生的关键点，走人生关键的几步，我们的命运便会由此而改变。

设想一下，如果司马迁遭受宫刑后不甘屈辱而选择了以死来抗争，如果比尔·盖茨在感觉到巨大的历史机遇时选择了为拿文凭而继续哈佛的学业，那么，世界上缺少的恐怕就不仅仅是一个历史学家和一个亿万富翁了。

要想走对人生的关键几步，一定要找出人生的关键点。抓住关键点，我们就可以不被乱花迷眼而选择错误了。如何找出人生的关键点呢？

1. 做正确的事

管理企业跟管理我们的人生一样，在企业管理学上有一个理论："要做正确的事，而不是把事情做正确。"这是一个非常重要的问题，倘若一个人仅仅是把事情做正确，那么，尽管他做正确了许多事，对他的一生也不会产生什么影响；而另一个人一生就做了一件正确的事，这一件事就可以让他闻名于世。

2. 极其重要的少数和无关紧要的多数

我们都知道，政治上极其重要的少数国家主宰了无关紧要的多数国家的命运；经济上极其重要的少数人的财富超过了无关紧要的多数人的财富；文化上极其重要的少数作品留传下来而淘汰了无关紧要的绝大多数作品。对一个人而言，他的一生中可以有许多问题或决策，但是极其重要的几个问题或决策是决定他一生的。一个人的一生路途漫漫，但关键的却只有几步而已。分清重要的事情和不重要的事，便能清晰把握人生的关键点在哪里。

3. 发挥优势

一个人的悲剧不在于没有优势，而在于没有发现、发挥和利用自己实际上存在着的优势，最终与精彩擦肩而过。

所以，发现、发挥和利用自己的优势，就是极其重要的问题和决策，就是做正确的事，把这个正确的事做好了，就是做了极其重要的事。

凡成功人士必定是充分发挥和利用了自己的优势，虽然其中可能大部分是无意识的，有时可能是偶然的，但其作用肯定是决定性的。

管理的作用在于变无意识为有意识、变被动为主动、变偶然为必然，从而掌握自己发展的轨迹，掌握自己的命运。

4. 问对自己三个问题

为了便于发现、发挥和利用自己的优势，可以从自我“三问”开始。“三问”是：我们的优势是什么？我们优势发挥的地方在哪里？我们优势发挥的价值是什么？

我们的优势是什么？每个人都是有他自己的优势的，再笨的人也能从短处中找出长处；在长处中找出优势；在优势中找出第一优势，只有找到优势，才有可能发挥和利用优势。

我们优势发挥的地方在哪里？如果是在甲方的话，我们目前精力的投放是在甲方还是在乙方或丙方？如果在甲方则很理想；而如果不在甲方，怎样才能转移到甲方？

我们优势发挥的价值内涵是什么？优势发挥的目的全在于要实现其价值，这也就是利用优势的动因，只有优势转化成了价值，发现、发挥和利用优势才完成了使命。

5. 世界在期待着我们的精彩

“天生我材必有用”，每个人都应该有雄心壮志，用自己的优势来为世界添彩。行进在人生旅途中，不妨稍稍停留片刻，来反思一下根本的问题。就如我们在游览名山大川时，走累的时候在树荫下稍做休整，一边喝饮料一边寻找最佳风景点，以免在旅途结束时再为走错路线而痛惜。

这就是人生的关键点，找准关键点，关键的几步便会走得更精确。

坚持做自己喜欢做的事情

我们现在生活在一个机会很多的年代。这些机会给了我们充分的自由，但同时也给我们带来了困惑。有很多人抱怨不知道自己真正喜欢做什么。造成这种局面的原因是我们多年来压抑自己的愿望，忽略了自己的内在，他们总是有意无意模仿他人，却忘记了真实的自我。

不少人都有“侠客”梦，成为一个武艺高强的侠客是他们幼时的梦。长大以后，纯粹仗剑走天涯式的侠客梦会逐渐淡去，因为现实不需要也不容许侠客的存在。但不变的是心中那股埋藏得或深或浅的冲动——成为人生的强者。侠客梦也好，强者冲动也罢，都源自他们那颗不甘平庸、激情澎湃的心。

在事业上的抉择，不少人有意无意中受到了别人太多的影响，结果经常是选择了自己并不愿意走的路。这种情况在我们童年以及少年时更普遍，被家长送去各种自己并不喜欢的兴趣班，而自己真正喜欢的兴趣班因为家长没有兴趣而免谈。再大一点，文科还是理科，并没有多少自己自由选择的余地。到了高考，因为各种原因而选择自己并不想上的学校与专业的人更多。

我的一个高中同学，文章写得很棒，一直想读文科报考中文系。但在父母的影响下，最终报考的是武汉一所理工大学，学的是汽车制造。理想与现实真是天壤之别。后来，毕业后，这位同学从来就没有从事过一天相关专业的工作——甚至连想法也没有。他毕业后去了一些小报社、文化公司之类单位，慢慢地成熟与成长，现在是一个略有成就的自由撰稿人。人生的路画了一个圈，四年的大学不能说他白读了，但若是能用在学习自己乐意学习的专业上，该有多好啊。

如果说在我们还是孩子时，因为心智或其他原因而不能给自己做主的话，那么，当我们成年后，一定要为自己的人生掌舵。就像我那位同学，如果再强迫自己坐在一大堆他没有半点兴趣的汽车设计图纸边，我不相信他能在这个行业有一番成就。

我的选择，我做主！

就像买衣服一样，各人对衣服的选取有不同的标准。每个人都追求成功，那么我们如何为“成功”下定义？很多人以为成功与否是由别人来评价的。实际上，我们的成功与否只有我们自己能做评判。绝对不要让其他人来定义我们的成功，只有我们能决定我们要成为什么样的人、做什么事，只有我们知道什么能使我们满足，什么令我们有成就感。

我想最接近成功的意义是“使命”。“使命”是我们要做的事以及要拥有的一切。我们的使命感和我们的信仰、价值观密不可分。我们必须心平气和地问自己一个问题：我如何确定自己的存在？这个答案直接关系到我们所拥有的特质、能力、技巧、人格及天赋。

我们首先应该知道的是：我们是独特的、是绝无仅有的、是独一无二的，我们有自己的个性、背景、观点、处世态度及人际关系，没有人可以取代我们，也就是说我们的存在绝对有无法取代的价值。我们的使命终究还是要靠我们自己来完成，它是我们人生的目标，是独一无二、专属于我们自己的。它值得我们用全部的精神、力量去追求。

不了解自己的人是不可能获得成功的。古语说："知人者智，知己者强。"如果我们对自己想做什么非常清楚，我们的愿望极端明确，那么使我们成功的条件很快就会出现。遗憾的是对自己的愿望特别清楚的人并不是很多。我们需要清楚地了解自己的雄心壮志和愿望，并使它们在自己的内心逐渐明晰起来。

学会放弃我们所不擅长的

人的精力有限，所以我们应当明白"有所为有所不为，知其可为才为之，知其不可为而不为"。这样，才会"有所不为才能有所为"。如果我们陷入了"不可为而为之"的泥淖中还执迷下去，只会越陷越深越迷惘。

"我到底适合做什么？"不知有多少人在自己不感兴趣的工作岗位上维系生存，忍气吞声、满腹牢骚地埋怨着，但也不知道何去何从。虽然知道自己不合适做什么，却不知道自己合适做什么？

杨振宁青年时喜爱物理，想成为一位实验物理学家，1943 年杨振宁赴美国留学时，就立志要写一篇实验物理论文。

于是费米建议杨振宁先跟泰勒做些理论研究，实验则可以到艾里逊的实验室去做。

然而，在实验室工作的近 20 个月里，杨振宁的物理实验进行得非常不顺利，做实验时常常发生爆炸，以致当时实验室里流传着这样一句笑话：哪里有爆炸，哪里就有杨振宁。此时，杨振宁不得不痛苦地承认，自己的动手能力比别人差。

一天，一直在关注着杨振宁的泰勒博士关切地问他：“你做的实验是不是不大成功？”“是的。”面对令人尊敬的前辈，杨振宁诚恳地说。

“我认为你不必坚持一定要写一篇实验论文。你已经写了一篇理论论文，我建议你把它充实一下作为博士论文，我可以做你的导师。”泰勒直率地对杨振宁说。

杨振宁听了泰勒的话，心情十分复杂。一方面，他从心底里感到自己做实验确实力不从心；另一方面，他又不甘服输，非常希望通过写一篇实验论文来弥补自己实验能力的不足。他十分感谢泰勒的关怀，但要他下决心打消自己的念头实实在在不是一件容易的事。“我想考虑一下，两天后再告诉您。”杨振宁恳切地说。

杨振宁认真思考了两天。他想起在厦门上小学时的一件事：有一次上手工课，杨振宁兴致勃勃地捏了一只鸡，拿回家给爸爸妈妈看，爸妈看了笑着说：“很好，很好，是一段藕吧？”往事一件接一件地在他的脑海浮现，他不得不承认，自己的动手能力实在不强。最终，杨振宁接受了泰勒的建议，放弃写实验论文。从此，他毅然把主攻方向转至理论物理研究，最终于 1957 年 10 月与李政道联手摘取了该年的诺贝尔物理学奖。

放弃自己执迷且为之付出很多心血的梦想，不是一件易事，甚至会让自己十分痛苦。但如果自己真的不适合持有这个梦的时候，适时选择放弃，朝着自己的长处发展，扬长避短，必能走得更成功。

人生的路途中，每一步都是选择。其实有很多路，都是在寻找，寻找一个最适合的岗位，一个最适合自己的梦想、目标。当我们寻找到的时候，就应该做到有所为所有不为，我们才能有所作为。

同一时间我们只需要一个目标

拥有一种专门的技能要比有十种心思来得有价值，有专门技能的人随时随地都在这方面下苦功求进步，时时刻刻都在设法弥补自己此方面的缺陷和弱点，总是要想到把事情做得尽善尽美。而有十种心思的人不一样，他可能会忙不过来，要顾及这一点又要顾及那一个，由于精力和心思分散，事事只能做到“尚可”，结果当然是不可能取得突出成绩。

有人曾向意大利著名男高音歌唱家卢卡诺·帕瓦罗蒂请教成功的秘诀，他每次都提到父亲的一句话：“如果我们想同时坐在两把椅子上，我们可能会从椅子中间掉下去，生活要求我们只能选一把椅子坐上去。”

他在回顾自己走过的成功之路时说：“当我还是一个孩子时，我的父亲，一个面包师，就开始教我学习唱歌。他鼓励我刻苦练习，练好基本功。当时，我兴趣广泛，有很多爱好和目标——想当老师，当科学家，还想当歌唱家。父亲告诉了我这句话。”

“经过反复考虑，我选择了唱歌。于是，经过 7 年的不懈学习，我终于第一次登台演出了。又用了 7 年，我才得以进入大都会歌剧院。而第三个 7 年结束时，我终于成了歌唱家。要问我成功的诀窍，那就是一句话：请我们选定一把椅子。”

记得幼时，家门口种了两株葡萄。每年开春，母亲都跟我说，要学着去修剪葡萄的枝节，这样长出来的葡萄才会又大又甜。所以春天一到，我便尝试着去修剪葡萄的藤枝。待我修剪完后，就高兴地向母亲展示着我的艺术才华。因为我不仅仅把枝节修剪了很多，而且把整个藤枝剪成一串葡萄似的。

母亲看了摇了摇头，但是她没有多做修改。我问母亲为什么摇头，她说，这固然好看，但并不完美。母亲还问我是否需要她修剪，我点了点头，母亲便将所有多余的枝节全部剪掉，只剩下几条主干。我埋怨母亲说，今年我们肯定吃不了葡萄了，枝节都被我们剪完了。母亲说，那边还有一株，你按照你的想法去修剪那株，到盛夏的时候，我们看看谁收获的比较多。

转眼到了盛夏，我修剪的葡萄，因为枝节太多，果实过于密集，很多还未成熟就一串串地枯萎了。而母亲的那株，果实却丰硕得很。母亲跟我说：其实葡萄、花跟人一样，在成熟和绽放的时候需要大量的营养，营养跟不上，就会渐渐枯萎，败谢。剪去多余的枝节，就能保证营养的供给。一朵花的美丽绽放在于修剪枝节，而完美的人生在于修剪选择。

如果我们想成为一个众人叹服的领袖，成为一个才识过人、卓越优秀的人物，就一定要排除大脑中许多杂乱无绪的念头。如果我们想在一个重要的方面取得伟大的成就，那么就要大胆地举起剪刀，把所有微不足道的、平凡无奇的、毫无把握的愿望完全“剪去”，即便是那些看似已有实现可能的愿望，也要服从于自己的主要发展方向，必须忍痛“剪掉”。

世界上无数的失败者之所以没有成功，主要不是因为他们才干不够，而是因为他们不能集中精力、不能全力以赴地去做适当的工作，他们使自己的大好精力消耗在无数琐事之中，而他们自己竟然还从未觉悟到这一问题：如果他们把心中的那些杂念一一剪掉，使生命力中的所有养料都集中到一个方面，那么他们将来一定会惊讶——自己的事业竟然能够结出那么美丽丰硕的果实！

现代社会的竞争日趋激烈，所以，我们必须专心一致，对自己的目标全力以赴，这样才能做到得心应手，取得出色的业绩。

在机会面前我们不要瞻前顾后

机会并不是赐给每个人的。无论在社会生活和社会竞争中，机会只偏爱那些有准备的头脑，只垂青那些深谙如何追求它的人，只赐给那些敢于出手的人。

“亮剑”是一个很有气势的词，意味着勇敢与担当。但亮剑应该讲究一个时机，时机成熟，当奋勇一击。时机不成熟，鲁莽的亮剑最容易害人害己。两军相逢，很多时候并非勇者胜。当敌人数倍于我们，装备好过我们，我们的亮剑也许是很勇敢，但除了勇敢之外没有其他任何价值，相反还有大量的副作用。

“该出手时就出手”是唱红神州大地的《好汉歌》中的一句歌词。它是梁山英雄好汉们的气魄和胆识的真实写照，令人听了回肠荡气，热血沸腾，跃跃欲试……

在现实生活中，机会犹如电光石火，稍纵即逝。我们要及时发现，果断“出手”才能把握住制胜的良机。

房玄龄作为李世民的心腹参谋，比别的文臣武将更具政治眼光，想得全面。在唐王朝建立后围绕皇位归谁的政治斗争中，他着力促使李世民下手，发动了“玄武门之变”，取得主位。

当时的情况是：唐高祖李渊的大儿子是李建成，李世民是次子，按照嫡长子继承皇位的规定，李渊立了李建成为太子，而李世民在长期的作战中，不仅战功显赫，而且手下人才济济。所以，唐高祖也给他特殊待遇，加号“天策将军”，位在一切王公之上。李世民的“天策府”可以自署官吏，实际上形成一个独立王国。这必然引起斗争：一方面是李建成对李世民“功高势大”产生了极大疑虑；另一方面是李世民在暗中树立私党，蓄力待发。事情终于发展到剑拔弩张的地步。有一天，李世民从太子建成处赴宴回来，食物中毒，“心中阵痛，吐血数升”，这引起李世民及其手下的极大恐慌。

怎么办？房玄龄知道，应选择抢先下手，如果晚了，必然大祸临头。于是他想了一个办法，立即找到李世民的妻兄长孙无忌，对他说：“现在嫌隙已成，危机即发，大乱一起，必将危及整个国家的安宁。我们应当按照周公的做法，外宁华夏，内安宗社。”

其意很清楚，是要李世民像周公除掉管叔、蔡叔那样，除掉李建成和他的同党李元吉（李渊的第四子），这样才能保住秦王李世民的地位，保住唐王朝的统治。房玄龄让长孙无忌把这个意见转告李世民。李世民听了长孙无忌的话后，立即召见了房玄龄，谋划进行宫廷政变的具体事宜。

随后，杜如晦、高大廉和大将侯君集、尉迟敬德也参加密谋，形成李世民的核心集团，太子建成对李世民的密谋有所察觉，于是上奏李渊，说了李世民、房玄龄、杜如晦许多坏话。

形势到了万分危急的关头，房玄龄赶紧同长孙无忌劝说李世民立即下手。他对李世民说：“事情已经十分紧迫了，为了保住江山，应决心大义灭亲。如果再当断不断，便会坐受屠戮。”犹豫不决的李世民终于被说服了。

在政变前夕，李世民命令尉迟敬德将房玄龄、杜如晦化装成道士秘密送进秦王府，细致谋划，然后发动了“玄武门之变”。这次武装政变中，李建成、李元吉同时被杀。不久，唐高祖李渊自动退位，让给李世民，改元贞观。

时机来到，有的人能及时发现，有的人却视而不见，有的人虽然有所发现，但认识不清，把握不准。对机会的认识决定了对机会的选择。不能识机，也就无所谓择机；识机不深不明，便会在机会选择上犹豫徘徊，左顾右盼，不能当机立断，最终遗失良机。

三国时代的袁绍就是其中的一个典型。他是名门望族之后，十八路诸侯讨董卓时，被推为盟主。一时间，天下英雄豪杰、仁人志士，纷纷投其麾下。那时，他拥有四州之地、数十万大军，帐下谋士如云、战将林立，成为当时北方势力最大的割据者。然而，这样一个人物，最后竟然败在曹操的手下。袁绍的败北，固然有许多原因，但其中主要的一点就是“多谋少决”，错过了不可复得的战机。

袁绍第一次发兵讨曹失败，退军河北。这时曹操乘机征伐刘备，许都兵力空虚。谋士田丰劝说袁绍抓住良机，再次攻打许都。

田丰说：“老虎正在捉鹿，熊可以乘机闯进虎穴吃掉虎子。老虎前进捉不到鹿，退又找不到虎子。现在曹操亲率大军征讨刘备，国内空虚。将军长戟百万，骑兵千群，径直攻打许都，捣毁曹操的巢穴，百万雄师，从天而降，就像举烈火烧茅草，倾海水浇火炭，能不成功吗？兵机的变化非常之快，战争的胜利可在战鼓声中获取。曹操得知我们攻下许都，必须丢下刘备，回攻许都。那时，我军占据城内，刘备在外面攻打，反贼曹操的脑袋肯定悬挂在将军您的旗杆上了。反之，失去这个机会，不去攻打许都，使曹操得以归国，休兵不战，生养百姓，积储粮食，招揽人才，加上现在大汉的国运衰微，纲纪不存，曹操利用他的势力，放纵他的贪欲，那必然酿成篡逆的阴谋。到了那时，即使有百万兵马攻打他，也无济于事了。”

可惜的是，袁绍以儿子有病加以推辞，不许发兵。田丰用拐杖敲着地说：“遇到这样难得的机会，却因为婴儿的缘故失掉了，大势去矣！可痛惜哉！”

机会犹如明察善断者不断进击的鼓点，长夜中士兵即刻开拔的号角。在它面前，任何犹豫都与它无缘，都不能开启胜利之门。机不可失，时不再来，在进退之间，不能把握时机、敢于选择，必将一事无成，抱恨终生。

我们上面说的是时机到来的选择。而当时机不成熟时，我们又该如何呢？

据《史记·淮阴侯列传》记载，韩信年轻时“从人寄食”，也就是说他没有固定的工作与收入，以致吃饭都只能到人家家里去混饭吃、蹭饭吃；所以“人多厌之者”，即当地的人都很讨厌他。想想也是，韩信作为一个血气方刚的人，整天挎把剑，啥也干不了，到处混饭吃，难免会招来轻蔑与侮辱。有一天，淮阴市面上一个地痞看韩信不顺眼，就挑衅韩信：韩信你过来，你这个家伙，个子是长得蛮高的，平时还带把剑走来走去的，我看啊，你是个胆小鬼！地痞这么一说，呼啦啦就围上来一大群人看热闹。地痞一见人气正足，就想趁这个机会出出风头，于是进一步挑衅：韩信你不是有剑吗？你不是不怕死吗？你要不怕死，你就拿你的剑来刺我啊！你敢给我一剑吗？不敢吧？那你就从我两腿之间爬过去。

这一下子将韩信逼入了一个面临两难选择的境地：亮剑，还是爬？无论哪一个选择，韩信都会很受伤。韩信是怎么选择的呢？司马迁用三个字来描写："孰视之"，也就是盯着对方看。看了一阵子，韩信把头一低，就从这个地痞的胯下爬过去了。惹得围观的众人哄堂大笑。

正是这个人皆可辱的韩信，后来帮助刘邦成就了一番伟业，同时也成就了自己的功名。

谁不想轰轰烈烈地尽显英雄本色？但有时是时势所逼，有时因更为高远的理想所在，不得不忍住亮剑的手。苏轼在《留侯论》中云："古之所谓豪杰之士者，必有过人之节。人情有所不能忍者，匹夫见辱，拔剑而起，挺身而斗，此不足为勇也。天下有大勇者，卒然临之而不惊，无故加之而不怒。此其所挟持者甚大，而其志甚远也。"

真正优秀的人，不光要有亮剑的勇猛与气势，还要有不亮剑的涵养与远见。而后者，显然更难做到。能做到这两点的人，才是一个顶天立地的人。

第四章
唯有动起来，才能更接近成功

有时，付出和回报是不成正比的，我们不要因为一次的失意就对所有的事情失去希望，这个世界，做永远比说管用，唯有动起来，才能更接近成功。

俗话说“万事开头难”，殊不知，坚持比开头更难，任何事情贵在坚持，决定做事需要的是信心与决心，而坚持则需要长久的耐心以及对整件事情的热情与恒心，所以失败的往往都是中途放弃的，而走到最后的，全都成功了。

脚踏实地地做事

我们提倡踏踏实实做人，认认真真做事，从眼前的一点一滴做起，不畏艰险，坚持不懈，历经千难万苦，千锤百炼，从而积沙成塔，实现远大的梦想！

有个人很有钱，但却愚蠢无知。

有一次，他到另一个富翁的家里，看见一座三层的楼房，楼又高又大，富丽堂皇，宽敞明亮。他十分羡慕，心里想："我的钱财并不比他少，为什么我的楼没有他的好，以前我怎么就没想到造一座这样的楼呢？"

回到家里，他立刻召唤来木匠，问道："你能不能照着那家的样子帮我建造一座漂亮的楼？"

木匠回答说："没问题，他家的那座楼就是我造的。"

富翁便说："那你现在就为我造一座像他家那样富丽堂皇的楼吧。"

于是木匠开始量地基，叠砖，造楼。

富翁看见木匠叠砖，心生疑惑，不晓得这是怎么一回事，就问木匠："我们这是打算造什么？"木匠回答道："造我们要的三层楼房呀。"

富翁有点急了，对木匠说道："我不要下面二层，我只要最上面的一层，你就给我造最上面的一层吧。"

木匠答道："没这样的事。哪有不造最下面一层楼就造第二层楼的？不造第二层楼又怎么谈得上造第三层楼呢？"

这个愚蠢的富翁固执地说："我就是不要下面二层楼，你一定得给我造最上边的一层楼。"

其他的人听到了这件事，都笑话他。人们笑愚蠢的富翁不懂得：房屋是由基础而建起，怎能在空中建起楼阁呢？

成功从来就没有什么技巧，唯一的诀窍就是脚踏实地、按部就班、实实在在地做事。

任小萍女士说，在她的职业生涯中，每一步都是组织上安排的，自己并没有什么自主权。但在每一个岗位上，她也有自己的选择，那就是要比别人做得更好。

1968年，在西瓜地里干活的她，被告知北京外国语学院录取了她。到了学校，她才知道她年纪最大，水平最差，第一堂课就因为回答不出问题而站了一堂课。然而等到毕业的时候，她已成为全年级最好的学生。

大学毕业后她被分到英国大使馆做接线员。接线员是个不愿意干就很简单，愿意干就很麻烦的工作。任小萍把使馆里所有人的名字、电话、工作范围甚至他们家属的名字都背得滚瓜烂熟。有时候，有一些电话进来，不知道该找谁，她就多问几句，尽量帮助别人找到该找的人。逐渐地，使馆人员外出时，都不告诉自己的翻译了，而是打电话给任小萍，说可能有谁会来电话，请转告什么话。任小萍成了一个留言台。不仅如此，使馆里有很多公事私事都委托她通知、转达、转告。这样，任小萍在使馆里成了很受欢迎的人。

有一天，英国大使来到电话间，靠在门口，笑眯眯地看着任小萍，说：“你知道吗，最近和我联络的人都恭喜我，说我有了一位英国姑娘做接线员！当他们知道接线生是中国姑娘时，都惊讶万分。”英国大使亲自到电话间表扬接线员，在大使馆是破天荒的事情。结果没多久，她就因工作出色而被破格调去给英国某大报记者处做翻译。

该报的首席记者是个名气很大的老太太，得过战地勋章，被授过勋爵，本事大，脾气大，把前任翻译给赶跑了，刚开始也拒绝雇用任小萍，看不上她的资历，后来才勉强同意一试。一年后，老太太经常对别人说：“我的翻译比你的好上10倍。”不久，工作出色的任小萍就被破例调到美国驻华联络处，她干得又同样出色，获外交部嘉奖……

一个人在无法选择工作时，至少他永远有一样可以选择：就是好好干还是得过且过。在同一个工作岗位上，有的人勤恳敬业，付出的多，收获也多，有的人整天想调好工作，而不做好眼前的事。其实，这样的选择就决定了将来的被选择。

主动与被动的区别

人们常说，热情大于本领，这话一点也不过分。就像火种大于燃油一样，一桶再纯的燃油，无论它的质量怎么好，如果没有小小的火柴将它点燃，也不会发出半点光，放出一丝热。

在以培养世界上最杰出的推销员著称于世的布鲁金斯学会有一个传统，就是在每期学员毕业时，设计一道最能体现推销能力的实习题，让学生去实习。

20 世纪 70 年代，布鲁金斯学会的一名学员成功地把一台微型录音机卖给了当时的总统尼克松，获得该学会的“金靴子”奖。

在克林顿当政期间，布鲁金斯学会给学员出了这么一道题目：请把一条三角裤推销给现任总统。在这 8 年间，有无数学员为此绞尽脑汁，最终都失败了。

小布什上台后，布鲁金斯学会把题目换成：请把一把斧子推销给小布什总统。由于“金靴子”奖已经空置了 28 年，许多学员对此类实习题失去了信心，知难而退。他们都认为总统什么都不缺，他根本没有必要去买一把斧子。

然而，有个叫乔治·赫伯特的学员自愿报名，要去向总统推销斧子。他的亲朋好友都劝他别想入非非，可他认为，只要自己想干，总会有希望。他有了“我要做”的强烈愿望，就产生了热情。这促使他去思考，去调查研究。然后，他给小布什写了一封信，说：“有一次，我参观您的农场，发现树上有许多枯树枝需要砍去。我想，您一定需要一把既能锻炼身体又能砍伐枯树枝的斧子。现在，我这儿正好有一把这样的斧子。假若您有兴趣，请按这封信所留的信箱，给予回复。”

最终，乔治·赫伯特成功地把一把斧子推销给小布什总统，布鲁金斯学会把一只刻有“最伟大推销员”的“金靴子”奖给了他。据说乔治·赫伯特的能力在这批实习的学员中并不是最好的，他能获得“金靴子”，凭的就是“我要做”的热情。

如果把热情比作火种，那么潜能就像燃油，用我们的热情去点燃我们的潜能，就能把我们身上的智能和优点充分地发挥出来。

科学家吉耶曼和沙利，为了研究下丘脑激素，历经了21年的磨难，一个失败接着一个失败，以致失去了专家们和研究经费资助者的支持。可他们还是毫不气馁，充满了热情，在解剖了上万只羊脑之后，终于获得了成功，并于1977年荣获诺贝尔化学奖。

后来，有人问他们是怎样成功的。一个说：“靠的是‘我要做’的愿望。”另一个回答说：“我们有‘死不改悔’的决心。”

正是这份强烈的愿望，化作惊人的热情，从而产生了无坚不摧的力量。我们从他们身上可以发现，人的丰富想象力，大胆的追求，蓬勃的朝气，充沛的精力，这一切同热情是分不开的。

一个英语培训班，老师问两个来报名的学生：“你们报哪个班？”一个说：“我要报英语班。”另一个学生回答：“我爸要我报英语班。”

一年后，那个“我要报英语班”的学生，学习成绩优异，排在全班的前三名；而那个“我爸要我报英语班”的学生，口试和笔试都不及格。

这两个学生在同一个班学习，智力不相上下，但学习成绩却相差很大。

绝大多数失败者的生活都是建立在不得不做的基础上的。“我爸要我报英语班”的那个学生，他自己本来就不愿学英语，是他爸非要他这么做。而那个“我要报英语班”的学生，是自觉自愿的。这意味着有了“我要学”“我想学”“我喜欢学”这种愿望，就能产生热情，有了热情，英语就自然能学好。

人在做“我想做”“我要做”的事时，才会动脑筋，想办法，克服一切困难去完成。不知我们观察过没有，世上许多做得好的工作，都是在热情的推动下完成的。

每个人身上都拥有热情，所不同的是，有的人热情只能保持几分钟，有的人只能保持几天或几十天，但是一个真正的成功者，却能让热情保持几十年，甚至一辈子。

不少人失败的原因，不是没有能力，也不是没有机会，而是失去了热情。一个人一旦失去了热情，惰性就会乘虚而入，人会变得老气横秋，暮气沉沉，毫无生气。这样的人纵有天大的本事，他的才华也“横溢”不出来，人就会像断了油的灯，缺少了燃料的飞机、轮船一样。

钢琴的琴弦要保持在正确的音符上，就必须反复“调正”。一个人要把自己身上的热情充分地发挥出来，同样也需要有意识地去“调正”。如果我们整天为单调、重复、琐碎的事情所困扰，失去了工作和生活的积极性，那么我们就要把“要我做”的事，调整为“我要做”的事，让我们心中的热情不断地燃烧起来。

我们没有任何借口

美国人常常讥笑那些随便找借口的人说："狗吃了我们的作业。"借口是拖延的温床，习惯找借口的人总会找出一些借口来安慰自己，总想让自己轻松一些，舒服一些。这样的人，不可能成为称职的员工，要知道，老板安排我们这个职位，是为了解决问题，而不是听我们关于困难的分析。不论是失败了，还是做错了，再好的借口对于事情本身也是没有丝毫用处。

对于在同样的公司、做同样的工作的不同员工来说，为什么有人一路擢升、青云直上？有人却每况愈下、越发窘迫呢？虽然每个人成功的因素各不相同，但大多数成功人士都有一个共同的特点：他们从不为自己的工作寻找借口。

许多人都可能会有这样的经历，清晨闹钟将我们从睡梦中惊醒，我们虽然知道该起床了，可就是躺在温暖的被窝里面不想起来——结果上班迟到，我们会对上司说我们的闹钟坏了。

又一次，我们上班迟到，明明是我们躺在被窝里面不起来，却说路上塞车。

糊弄工作的人是制造借口的专家，他们总能以种种借口来为自己开脱，只要能找借口，就毫不犹豫地去找。这种借口带来的唯一"好处"，就是让我们不断地为自己去寻找借口，长此以往，我们可能就会形成一种寻找借口的习惯，任由借口牵着我们的鼻子走。这种习惯具有很大的破坏性，它使人丧失进取心，让自己松懈、退缩甚至放弃。在这种习惯的作用下，即使是自己做了不好的事，我们也会认为是理所当然的。

一旦养成找借口的习惯，我们的工作就会做的拖拖拉拉，没有效率，做起事来往往就不诚实。这样的人不可能是好员工，他们也不可能有完美的人生。

罗斯是公司里的一位老员工了，以前专门负责跑业务，深得上司的器重。只是有一次，他把公司的一笔业务“丢”了，造成了一定的损失。事后，他很合情合理地解释了失去这笔业务的原因。那是因为他的脚伤发作，比竞争对手迟到半个钟头。以后，每当公司要他出去联系有点棘手的业务时，他总是以他的脚不行，不能胜任这项工作为借口而推诿。

罗斯的一只脚有点轻微的跛，那是一次出差途中出了车祸引起的，留下了一点后遗症，根本不影响他的形象，也不影响他的工作，如果不仔细看，是看不出来的。

第一次，上司比较理解他，原谅了他。罗斯很得意，他知道这是一宗比较难办的业务，他庆幸自己的明智，如果没办好，那多丢面子啊。

但如果有比较好揽的业务时，他又跑到上司面前，说脚不行，要求在业务方面有所照顾，比如就易避难，趋近避远，如此种种，他把大部分的时间和精力都花在如何寻找更合理的借口上。碰到难办的业务能推的就推，好办的差事能争就争。时间一长，他的业务成绩直线下滑，没有完成任务他就怪他的脚不争气。总之，他现在已习惯因脚的问题在公司里可以迟到，可以早退，甚至工作餐时，他还可以喝酒，因为喝点酒可以让他的脚舒服些。

现在的老板都是很精明的，有谁愿意要这样一个时时刻刻找借口的员工呢？罗斯被炒也是在情理之中的事。善于找借口的员工往往就像罗斯一样，因为糊弄自己的工作而“糊弄”了自己。

因此，要成功就不要找借口。不要害怕前进路上的种种困难，不要为自己的平庸寻找种种托词，也不要为自己的失败解释种种原因，抛开借口，勇往直前，我们就能激发出巨大潜能，从而在前进的路上，披荆斩棘，直抵成功。

为什么美国海军陆战队要求“毫无保留地服从”？这是一个十分简单的道理。因为没有服从的精神，就没有纪律，没有纪律的军队就没有战斗力，有效地完成任务则更无从谈起。

如果我们亲眼看到过美国海军陆战队的训练和生活，让我们体会最深的可能莫过于“服从”二字。

长官一声令下，队员立即无条件执行——

滂沱大雨中，士兵照常训练，执行口令不得有丝毫懈怠；没有长官的命令，行进路上的水洼沟壑好像根本就不复存在；新兵的第一次跳伞训练，每个人在机舱口都不得有一丝犹豫。

无论前面是生是死、是水是火，只要我们是美国海军陆战队员，“毫无保留地服从”就是我们的首要职责！

对于任何团体和组织，服从精神的重要性都不言而喻。职场中，我们的团队同样需要无条件地服从。对上级命令的服从，对下达任务的服从，对公司利益的服从。我们的身边常常有这样或那样企图推卸责任或拒绝服从命令的情况发生，是服从还是敷衍，这样的选择经常在一个人心头徘徊：

“这件事我不大清楚，请您问问别人。”

“老板，我星期六有事，您看看还有没有其他人选。”

“对不起，星期五下午我们不处理类似事务。”

“这个我不会。”

“学校里没教过这个。”

工作中，服从不仅是对上级命令的贯彻，它更多地表现为对工作积极接受的态度，意味着一个人具有不逃避责任、热情投入以及牺牲的精神。它常常在我们的生活中以另一种姿态出现，那就是“敬业”。

林红是一名保险公司的从业人员，她是大区仅有的6个顶级会员之一。当别人问起她成功的经验时，她说：“我曾是一名军人，客户的需求就是命令。对于每一项命令，我都会全力以赴，不计代价地完成，因为服从命令是我的习惯。”

服从命令的习惯不仅能让个人变得敬业，还能强化整个团队的工作能力。试想，如果团队中的每个人都具有完全的服从精神，对每项任务都认认真真去完成，谁又能不兢兢业业、竭尽所能？团队有如一部联动机，当所有的部件都能忠实履行自己的职责时，整个机器才能运转自如，而当各个部件都有超常表现时，整个机器的性能就会成倍地提高。

相反，各自为政不仅会毁掉个人的前途，也会腐蚀掉整个团队的战斗力。对分配的工作百般推脱的员工只会给老板徒增烦恼，更不可能被委以重任。同样，没有服从精神的团队，必定是一盘散沙。

在执行中，对命令的尊重与服从是至关重要的。命令是贯穿整个行动计划的关键，只有每个成员都能坚决服从命令并完成自身的任务，才能保证整体行动的顺利进行。

每一个执行者都应该意识到自己的职责就是服从，并坚定不移、不遗余力地执行好，这样才能确保集体行动和总体任务圆满完成。

做第一个吃螃蟹的人

强者之所以成为强者，也总是有原因的。他们往往敢为别人所不敢为，具有一种“舍我其谁”的大气魄。凭借着这种气魄，他们像弄潮儿一般，在浊浪排空的潮水中弄潮搏击，做第一个吃螃蟹的人。

刘磊就是靠“为人不敢为”的生意而发财的。

2003 年 5 月，伊拉克战争爆发了。刘磊通过电视新闻看到两条消息。一条消息说，伊拉克被美军占领后，抵抗组织频频向美军发起人肉炸弹袭击，导致大量美军士兵龟缩在军营不敢外出；另一条消息则说，频繁的袭击导致美军伤亡率上升，美国军方为了稳定战区军心，决定大幅度提高驻伊拉克人员的战地补助。看到这里，刘磊突然想到：当地美军拿了高额补助却不能出门消费，若是我能到美军军营附近做生意，岂不是获得了独到的大好商机。

一开始，由于没有通行证，守卫绿区的美军士兵不允许他进去。但破釜沉舟的刘磊还是拿着印制精美的中餐菜谱，告诉门口荷枪实弹的美国兵他要在绿区开餐厅做中餐！美国兵一听顿时显得非常高兴，竟然例外地给予了一点小小的方便：放行！在请了颁发“绿区”通行证的格里菲斯上尉两次客后，刘磊拿到了“绿区”通行证。

在绿区开餐厅的成本低——巴格达市场上，美国产5公升罐装的大豆油折合人民币12元；越南产50公斤装的大米折合人民币80元，黑市价更是低得惊人，每罐煤气只要人民币1元5角；而绿区之内是美军的天下，伊拉克临时政府的“城管”“工商”都不敢进去收费，甚至连水电费都免了！

在如此低廉的成本之下，刘磊做出的饭菜可一点儿也不便宜，一盘普通扬州炒饭的价钱是5美元——折合人民币40元，是国内的10倍！刘磊在“绿区”没有竞争对手，中餐厅独此一家，他的生意想不好都难！就这样，火爆的生意让刘磊月平均盈利达1万美元左右。

2004年4月，刘磊又发现了另一条生财途径，那就是卖酒。当时美军规定士兵不得饮酒，但美国士兵又特别喜欢喝酒。开始时他也不敢卖，后来经常有美国士兵向他买酒，还提醒说，如果卖酒，可以“get much money”。这是刘磊第二次听到这句话。于是，他去绿区外面的地下市场把酒带回来，偷偷地卖给美国大兵。一瓶2美元的威士忌，在绿区他可以卖到10美元。光靠这一项每天就可以进账4000美元，利润高达5倍。

刘磊的餐厅外面有一个美军的直升机停机坪，每天都有美军的巡逻直升机停在那里，美国大兵一下飞机就提着两米长的炮弹箱跑进来大喊：“我只有10分钟休息时间，快点装酒，全部装满。”他们装满酒以后又赶紧盖上盖子，然后假装运炮弹，将酒运上直升机拉走了。一箱可以装几十瓶酒，刘磊卖到了2000多美元，有时每天都可以接待几趟直升机顾客，生意好得不得了。

到了2005年3月，伊拉克局势稳定，伊拉克临时政府开始全面接管政权，刘磊在巴格达绿区的餐厅这才结束。他顺利回国，全部经营时间不过1年零3个月，赚得的美元折合人民币308万元。

刘磊的机遇可遇不可求，但值得借鉴和学习的却是他的这种弄潮的大气魄。一句俗语说得好，“人不胆大事不成”。很多时候，我们要想有所作为，成就一番大事，没有敢于跳进潮流中，击水搏浪的气魄是不行的。

细节决定我们的成败

生活就像根无限拉长的链条，细节如链条上的链扣，没有链扣，哪有链条？历史就像日夜奔腾的江河，细节如江河的支流，没有支流，哪有江河？

一位作家说：“生活的细节越分越密，密不可分时，就糊成一片了，按科学术语说，出现了混沌。人在混沌中，也好过粗枝大叶。忽略细节的人是古装戏里的‘洒狗血’——内心什么也没有，却装着有感情的样子，大喊大叫，拼命表演。”

要想工作不流于一般的人，应学会在细节处下功夫。

有时候，公司老板或领导要出差，便会安排员工去买车票，这看似很简单的一件事，却可以反映出不同的人对工作的不同态度及其工作的能力，也可以大概推测出今后工作的前途。

有这样两位秘书，一位将车票买来，就那么一大把地交上去，杂乱无章，易丢失，不易查清时刻；另一位却将车票装进一个大信封，并且，在信封上写明列车车次、号位及起程、到达时刻。后一位秘书是个细心的人，虽然她只是注意了几个细节处，只在信封上写上几个字，却使人省事不少。

按照命令去买车票，这只是“一个平常人”的工作，但是一个会工作的人，一定会想到该怎么做，要怎么做，才会令人更满意，更方便，这也就是用心，注意细节的问题了。

工作中细节不容忽视。注意细节所做出来的工作一定能抓住人心，虽然在当时无法引起别人的注意，但久而久之，这种工作态度形成习惯后，一定会给我们带来巨大的收益。这种细心的工作态度，是由于对工作重视的态度而产生的，对再细小的事也不掉以轻心，专注地去做才会产生的。会成为大人物的人，即使要他去收发室做整理信件的工作，他的做法也会跟别人有所不同。这种注重细微环节的态度，就是使自己的前途得以发展的保证。

工作上的这种细心，所需的另一点就是亲切感，一点人情味，一颗替别人着想的心。“若是我的话，就会这么做”，这就是亲切感。

一部名为“细节”的小说，其题记为：“大事留给上帝去抓吧，我们只能注意细节。”作者还借小说主人公的话做了脚注：“这世界上所有伟大的壮举都不如生活在一个真实的细节里来得有意义。”

细节，就是小节，它不仅具有艺术的真实，而且更具有生活的真实。也许是生活的真实造就了艺术的真实，我们读书时，总被作家笔下的细节，如人物的心理、动作、语言所感动。

回味生活，翻阅历史，我们为什么不从真实的细节做起？我们头上三尺如果真有神灵的话，它绝不只把大事留给自己，而把小节留给人类。因为神灵也知道，拥有小节，终究会成就大事！

在细节处多下狠功夫吧！

不能实现的都是空想

世界上有两种人，一是实干家，一是空想家。空想家们善于夸夸其谈、想象丰富、渴望强烈，甚至于设想去做大事情；而实干家则是去做。空想家往往不管怎样努力，都无法让自己去完成那些应该完成或是可以完成的事情。但实干家虽然没有空想家那样富丽堂皇的说辞，而总能获得成功。

实干家比空想家更能获得成功，是因为实干家一贯采取持久的、有目的的行动，而空想家很少去着手行动，或是刚开始行动便很快懈怠了。实干家具备有目的地改变生活的能力，他们能够完成非凡的事业。而与此形成鲜明对比的便是，空想家只会站到一边，仅仅是梦想过这些而已。

空想家往往受到人们的嘲笑，因为他们始终把自己的理想挂在嘴边，但却从不见他们为之奋斗。他们的谈话言辞激烈，谈到理想时热情慷慨，然而，他们却是行动的矮子。空想家是幼稚的，认为以自己头脑中的知识可以拯救世界，但是世界却不这么认为，事实一次又一次地证明，空谈者的结果是失败，或是含羞蒙辱。

赵括是个空谈家，自以为读过兵书，于兵法之道十分谙熟，但终归没有亲身经历过战争，书本在他头脑中构筑的虚无缥缈的军事楼阁，在真切的刀光剑影下坍塌得没留下一点痕迹，赵括也因纸上谈兵而被视为空想家贻笑千古。

媒体曾经出过这样一个竞答题目。如果有一天大英博物馆突然燃起了大火，而当时的条件只允许从众多的馆藏珍品中抢救出一件，问题是“我们会抢救哪一件？”

在数以万计的读者来信中，一个年轻诗人的答案被认为是最好的，“选择离门最近的那一件”。

这是一个令人叫绝的答案，大英博物馆的馆藏珍品件件都是国宝，举世无双，与其幻想着件件都抢救出来，不如抓紧时间抢救一件算一件。因为前者是不切实际的，完全属于一厢情愿。

良好的理论基础很重要，但是理论基础如果不经过实践的检验，就不可能转化为在实际应用中有效的力量。无论是空谈者，还是空想者，大概在他们的头脑中，自以为有了知识就有了一切，这是愚蠢而浅薄的。掌握理论是为了应用，有了目标要实干才能实现理想。否则，单凭理论异想天开，一定会导致重大的失误。

一个老鼠洞里的老鼠越来越少，老大让一只行动灵巧的小老鼠去看看出了什么事情。

小老鼠慌慌张张地回来报告说："老大，老大，大事不好，有一只又大又凶的猫出现了，每天都要吃几只老鼠。"

老大于是带领三只最大的老鼠去打猫，一回合还没打完就打败了。老大又带了三只最狡猾的老鼠去骗猫，结果偷鸡不成蚀把米，被猫吃掉了。

老大看着兄弟们一个个死去，急得像热锅上的蚂蚁，左思右想，终于想出一个主意。他召集大家说："谁能想出一个对付老猫的好办法，我就把老大这个位置传给谁。"

重赏之下必有勇夫，这时有一只灰毛老鼠说："虽然我们打不过那只猫，但如果给猫带上铃铛，只要猫一动我们就知道了，然后就可以逃跑了。"

老鼠们都觉得这个主意好，老大也认为不错，就把位置传给了这只灰毛老鼠。

过了几天后，老大又听到有老鼠被猫吃掉的消息。老大心里纳闷，于是找到灰毛老鼠质问："这是怎么回事？不是说给猫戴上铃铛就没有事情了吗？"

灰毛老鼠支支吾吾地说："这……这……"

旁边的一只老鼠抢着说："因为它根本就没有去给猫戴铃铛，

它怕被猫吃掉！”

老大听了，觉得受到了侮辱，一气之下把灰毛老鼠咬死了。

这就是空想的下场。明知道不可为的事情，就不要去空想；可以实现的事情，想了就要去做，只想不做，一大堆目标也只不过是目标。我们可以界定我们的人生目标，认真制定各个时期的目标，但如果我们不行动，还是会一事无成。

承担属于自己的责任

只有实际行动才能解决问题。现实生活中总有人喜欢空谈自己的理想，却不知道付诸行动，那么他就只有永远做行动的矮子，慢慢地也自然而然地会被别人甩到身后。

一位小说家脑中突然闪现出一个强烈的灵感，使他有一种想马上提起笔来将那些灵感记录下来的冲动。但是，由于时间和地点有些不方便，他没有记录下那些灵感。虽然那些灵感一直在他脑海里转来转去，但是他始终没有提起他的笔。然而，灵感说来就来说走就走，来的时候挡不住，走的时候也同样抓不住，就这样，一部优秀的作品在萌芽状态就被扼杀了。

一位画家心中突然出现一个美妙的图像，也是因为他没有拿起画笔在图纸上记录下那些美丽的图案，他只有眼睁睁地任凭灵感消失在他的脑海之中。最后，一幅世界名画被这个画家埋没在心底。

制订了计划而不去执行，那永远也不会成功。我们把有这些习惯的人称作是“行动的矮子”。其实每个人都会制订计划，计划本身是没有什么了不起的，只有能够坚持不懈地执行制订的计划，才是真正的了不起。

世界著名电脑公司戴尔的老总认为，在问题背后强调理由，是最没有用的语言，拒绝拖延才是解决问题的有效途径。

20世纪末期，埃克森公司有一艘巨型油轮在阿拉斯加触礁了。船上的原油大量泄漏，原油对生态环境造成了巨大的危害。本以为埃克森公司会对外界作出道歉和赔偿，但是他们却没有作出任何反应。由于外界的愤怒，引发了一场“反埃克森运动”，还惊动了当时的美国总统布什。最后，此公司损失了几亿美元，名声也严重受损。

由此可见，拖延和沉默不是解决问题的办法。只有在问题发生后，积极地行动起来，果断地作出危机公关，才有可能把损失降到最低。所以说，无论是公司还是个人，都要在关键时期及时果断地作出决定，不要让事情拖延下去。每一个追求成功的人都明白，拖延时间是一种最危险的恶习，它会使人失去进取心，也因此与成功失之交臂。

韦尔奇是GE公司一名优秀的工程师。有一次，负责他的实验项目的生产经理鲍勃·芬霍尔特，由于在公司干得很出色，就被总经理调到总部任战略策划的负责人。这样，韦尔奇那个部门的经理位子就空了出来。

韦尔奇不断地问自己：“我怎么不去试试呢？”他当然不想自己一辈子只是一名工程师，这个可以改变自己的机会他当然不能放过。

一天傍晚，他和主管加托夫来到停车场，靠在汽车上聊天。“怎么不让我试试鲍勃的位子呢？”韦尔奇大胆地说。

加托夫不屑地说：“不要开这种玩笑好吗？我们根本就不熟悉那个职位，这个职位的人需要熟悉市场，这对公司来说是非常重要的。”

韦尔奇当然不肯就此止步。不断地劝说着加托夫。他毛遂自荐，谈到自己的学历、资历、看市场的眼光，还有对待工作和员工的态度……在这个黑暗的停车场里，韦尔奇足足靠在车边一个多小时，试图说服主管。

主管并没有马上就答复韦尔奇，但是当他把车开出停车场时，大声地对韦尔奇说：“你是一个很有上进心的人，也是第一个向我要职位的人，我很看好你！”

接下来，韦尔奇不断地与加托夫联系，说明了他自己是多么适合经理这个职位，加托夫也认为韦尔奇有能力向公司证明他自己。一个星期后，加托夫终于被他说服，韦尔奇被任命为部门经理。

当然，韦尔奇没有让加托夫失望，更没让自己失望。8 年来，他始终孜孜不倦地工作着，慢慢地被提升为主管资产达 2600 万美元的塑料业务部的总经理。这时他年仅 33 岁，是 GE 公司历年来最年轻的总经理。

不管韦尔奇有多大的能力，如果他不肯积极行动起来，不肯主动去向主管申请自己想要的职位，那么他永远都不可能得到后来的位置。

每个人都有自己的理想，但人们需要知道的是只对理想侃侃而谈是不可能走向成功的。天上是不会掉下馅饼的，馅饼都是靠自己亲手做成的。有理想而不行动，理想只能是空想。只有朝着理想不懈地努力，才能使理想变成现实。

做到什么程度才叫尽力

我们经常会听到类似的说法：这件事我已经尽力了，但还是没有成功，我无怨无悔。是的，我来了，我努力了，我奋争了，即使输了，也没有任何值得遗憾的。

只是，还有一个很重要的问题：我们所谓的“尽力”，是尽到了哪种程度的力呢？是不是“尽力”之后，就连吃饭、走路也使不出力气了呢？如果不是如此，怎么能说自己已经尽力了呢？

某位著名的法学家课堂上曾这样对学生说：“在我们为一个案子辩论时必须竭尽全力，如果我们掌握了有利的人证物证，就抓住事实毫不放松。如果我们掌握了有利的条文，就用法律拼命地攻击对方。”

这时，一个学生突然发问：“如果既没有有利的事实，也没有有利的法律条文，应该怎么办？”

这位法学家想了一下说：“即使碰到这种最糟糕的情况，我们还是要想方设法，在法律许可范围内尽量制造有利于己方的证据以及寻找对方的漏洞。”

“实在是因为客观原因才会失败。虽然输了，可是我们也已经尽力了。”——我们经常会听到诸如此类的自圆其说。然而，这常常只是一个不负责任的借口而已。

所谓的“尽力”，是否意味着我们已经绞尽脑汁、用尽才华，发挥了所有潜能，动用了所有可以利用的人力、物力……

如果不是，怎么能说自己尽了力呢？

不论对手是谁，不论有什么理由，人生的意义其实就是拼命争取胜利。或许有的人认为这未免太冷酷无情了，但竞争激烈的现代社会就是这般残酷！

德国大音乐家贝多芬说：“在困厄颠沛的时候能坚定不移，这就是一个真正令人敬佩的人的不凡之处。”

遭遇紧要关头，绝对不可以松懈，必须想尽办法、拼尽全力冲破难关。一旦我们穿过了这道“瓶颈”，前程就会豁然开朗，进入另一个光明灿烂、无比顺畅的人生阶段。这就是“山重水复疑无路，柳暗花明又一村”的道理。

英国一名人说：“谁以为命运女神不会改变主意，谁就会被世人所耻笑。”

让决定与行动同时进行

现实是此岸，理想是彼岸，中间隔着湍急的河流，行动则是架在河流上的桥梁。在人生中，思前想后，犹豫不决固然可以免去一些做错事的可能，但也可能会失去更多成功的机遇。

苏珊·海沃德长得漂亮、苗条、性感。她的青年时代，正是好莱坞的主要制片公司发展的全盛时期。她像其他雪亮的童星一样，怀着成为好莱坞电影明星的梦想，当上了合同演员。她进入好莱坞的最初几个月中，面对的不是摄像机而是照相机。她穿着泳装，日复一日地摆弄出千姿百态，为广告照作模特儿。她那充满魅力的微笑，随着报纸杂志的广告传遍五湖四海。读者们，也是电影的影迷们，对她已经具有一种倾倒和渴望的感情。

然而，苏珊一直得不到当演员的机会。当她询问老板时，得到的回答总是："耐心地等一等，总有一天会推荐你的。"

有一次，机会突然来了。派拉蒙公司在洛杉矶举行全国性的影片销售会。苏珊接到旅馆舞厅的通知。舞厅里来了很多电影院的老板和来自各州的商人。影星们进入舞厅之前，派拉蒙公司对自己的影片已进行过大肆宣传。

影星们一个接一个与观众见面。苏珊出场时，会场上发出了一片欢呼。她此前还没意识到这是一次机会。她面对观众，像对老朋友们一样微笑着说："我知道你们都认识我，你们中有谁见过我的照片？"台下立即有许许多多的人举起了手。

"有人看过我在电影里的形象吗？"没有人举手，只有笑声。

苏珊趁热打铁，发问道："你们愿意看我在电影中的形象吗？"

会场上响起了雷鸣般的掌声，代替了回答。

苏珊这一计即兴拈来，大获全胜，于是她说："那么，诸位愿意捎个话给制片公司吗？”

这是一次民意测验，那么多观众的代表想看苏珊在电影中的形象，制片公司的老板得到这一民意测验的结果，完全可以判断，如果请苏珊出演影片，此片一定走俏。

于是，苏珊不久之后便受聘出演，上了银幕，并且成了大明星。她在《我想生存》一片中扮演的角色使她荣获了奥斯卡金奖。

一个人只有善于抓住机遇，才能在最佳时刻表现自己与人不同的习惯和能力，才可以赢定人生。

一个小男孩在外面玩耍时，发现了一个鸟巢被风从树上吹掉在地上，从里面滚出了一个嗷嗷待哺的小麻雀。

小男孩决定把它带回家喂养。托着鸟巢走到家门口时，他突然想起妈妈不允许他在家里养小动物。于是，他轻轻地把小麻雀放在门口，急忙走进屋去请求妈妈。在他的哀求下，妈妈终于破例答应了。小男孩兴奋地跑到门口，不料小麻雀已经不见了，他看见一只黑猫正在意犹未尽地舔着嘴巴。

小男孩为此伤心了很久。但从此他也记住了一个教训：只要是自己认定的事情，决不可优柔寡断。后来，这个小男孩成就了一番事业。

犹豫不决是避免责任与犯错误的一种方法。它有一个谬误的前提：不做决定就不会犯错误。希望做到至善至美的人，特别惧怕犯错误。他从不犯错误，一切事情都做得很完善，如果他对不起这幅完善的图像，强劲的自我就会垮得粉碎，因此，他认为做决定是生死攸关的事情。

错误谁都会犯。事情进展的过程，其本质就是一连串的行动、犯错误与修正错误的过程。导向鱼雷能够逐渐接近目标最终击中目标，是经过一连串的错误与不断修正错误达成的。我们若总站立着不动，就无法修正我们的方向。不做事情，我们也无法改变和修正。因此，我们必须考虑事情的发展趋势，预想各种行动方针的可能的结果，选择我们认为最好的解决办法，并且大胆地去做，边前进边修正我们的方向，不要害怕犯错误。

一个人不经过无数的大小错误，是无法伟大起来的。许多人在谈到他们的成功时，都认为，自己从错误中比从成功中得到更多的智慧，时常从不想做的事情中找到要做的事情，而那些从不犯错误的人却不可能有任何发现。

爱迪生不断使用去除法解决问题。如果有人问他是否因为有太多的途径是行不通的而感到泄气，他一定回答说："不！我才不会泄气！每抛弃一种错误的方针，我也就向前跨进了一步。"

遇到问题，思考是必须的，但不要为思考耽误了行动。要知道，再聪明的人，也要有积极的行动。一旦决定了，就马上去执行，才能把握住最好的时机。

利用好我们的每一分钟

成功者都非常珍惜自己的时间。因为他们知道，失去了时间就永远无法翻本，而利用好时间就是赢得了最大的资本。

世界最大的钢铁企业——伯利恒钢铁公司的总裁查理斯·舒瓦普会见效率专家艾维·利，会见时，舒瓦普说他自己懂得如何管理，但事实上公司不尽如人意。他说："应该做什么，我们自己是清楚的。如果您能告诉我们如何更好地执行计划，我听您的，在合理范围内价钱由您定。"

艾维·利说可以在 10 分钟内给舒瓦普一样东西，这东西可使舒瓦普公司的业绩提高至少 50%。然后，他递给舒瓦普一张空白纸，说："在这张纸上写下您明天要做的最重要的六件事，然后用数字表明每件事情对于您和您的公司的重要性次序。"

这个过程大概只花了 5 分钟。

艾维·利接着说："现在把这张纸放进口袋，明天早上第一件事就是把这张纸条拿出来，着手办第一件事，直至完成为止。然后，用同样方法对待第二件事，第三件事……直到下班为止。如果您只做完第一件事情，那不要紧。您总是做着最重要的事情。"

艾维·利又说："每一天您都要这样做。您对这种方法的价值深信不疑之后，叫您公司的人也这样干。这个实验您爱做多久就做多久，然后给我寄支票来，您认为值多少就给我多少。"

整个会见不到半个钟头。几个星期之后，舒瓦普给艾维·利寄去一张 25 万美元的支票，还有一封信。信上说那是他一生中最有价值的一课。

下面是几种利用时间的妙招，也许可以给我们以启示。

1. 把握好零碎时间

在古老的、生活节奏缓慢的马车时代，用一个月的时间经过长途跋涉才能走完的路程，我们现在只要几个小时就可以穿越。但即使在那样的年代，不必要的耽搁也是犯罪。文明社会的一大进步是对时间的准确计量和利用。

把零碎时间用来从事零碎的工作，从而最大限度地提高工作效率。比如乘车时，在等待时，可用于学习，用于思考，用于简短地计划下一个行动等。充分利用零碎时间，短期内也许没有什么明显的感觉，但长年累月，将会有惊人的成效。

在位于费城的美国造币厂中，在处理金粉车间的地板上，有一个木制的盒子。每次清扫地板时，这个格子就被拿了起来，里面细小的金粉随之被收集起来。日积月累，每年可以因此节约成千上万美元。

事实上，每一个成功人士都有这样的一个“盒子”，用于把那些零碎的时间，那些被分割得支离破碎的时间都收集利用起来。等着咖啡煮好的半个小时，不期而至的假日，两项工作安排之间的间隙，等候某位不守时人士的闲暇等等，都被他们如获至宝般地加以利用。而那些被称之为瞬间的点点滴滴被充分利用起来，便产生了奇迹。

2. 巧利用交通时间

生活在大都市，通常人们每天早上要花上一个小时在路上，而下班回家时又要花上一个小时。很明显，有两方面值得我们认真考虑一下：

（1）我们是否能缩短交通时间？

（2）我们能否有效地利用这些时间？

对于如何有效地利用上下班的交通时间这一问题，要因人而异。对于有车一族来说，随手打开车上的收音机任意播放节目，但这并不是利用时间的最好办法。

我们可以采取一点别的更加有效的方法：在早晨业务汇报之前，把有关事项先想清楚；分析业务、私人问题或可能发生的事；在心里面为一天的工作先计划一番。

对于无车一族来说，北京有很多白领女士利用上班路上塞车的时间进行化妆。当然，还有很多人一上车就利用手机开始办公了。

重要的是避免由惰性或习惯来决定如何利用上班交通的时间。在这段时间里，要有意识地决定把注意力集中在什么方面。我们会惊异地发现，如果不浪费这段时间将会获得多么宝贵的益处。

3. 避免不必要的时间浪费

随着互联网网络的发达，人们打发空闲时间也更方便了。没事做了，就上网聊天，玩游戏。尤其是许多年轻人，除了工作、睡觉，其他时间几乎被网络占去了大部分。有些人甚至能花整晚的时间玩游戏，这是多么可惜！

下面有避免浪费时间的 8 条小技巧，供大家参考：

（1）如果这件事情不需要上网就可以完成，把网断掉。对于某些人来说，上网就是浪费时间的头号敌人。要办正事时，一定控制自己。

（2）延长查看电子邮件的周期。包括看小说、玩游戏都包括在内。

(3) 如果手边的工作或学习很重要，工作期间不要接电话，回头再打过去就是了。当我们在工作、思考、创意和学习时，最好把电话话筒拿起来，手机关机。

(4) 如果我们的工作环境让我们不能工作，换个没人打扰的地方。比如在图书馆自习室、环境好一点并清静的咖啡厅和茶座看书或工作，效率会很高。

(5) 不只是看电视，就是看韩剧、电影和动画片也是一样，看起来是很爽，但很浪费时间。

(6) 平衡我们的娱乐和工作时间。分配好工作和娱乐的比重，不要过于极端。玩游戏要适可而止。

(7) 时时检查我们的时间安排和现在已经进行中的项目。笔记本和笔是最安全、方便的工具。每天列个大致计划，把当天的主要项目和工作做个列表，并经常确认完成情况。

(8) 以小时为单位划分我们的工作时间，用更少的时间做更多的事情。比起小时，如果我们尝试记录做每件事用多少分钟，效果会更好。只要我们坚持记录一个月左右，我们就会发现自己对时间的敏感越来越强。

在所有资源中，时间不同于其他资源，它没有弹性，找不到代用品来替代它，而且时间永远是短缺的。时间既不能停止，也不能保存。因此，管理利用好时间，它将为人生赢得最大的资本。

第五章
学无止境，做一个攀爬的智者

知识改变生活，知识改变命运。如今科技飞速发展，社会也在快速的发展，不学习如何才能跟得上时代的步伐？不思进取只能被社会所淘汰。

一个有进取心的人，必然是一个热爱学习与生活的人，不断学习的人，会拥有长远的竞争能力，许多人放弃了学习的机会，使得自己一生庸碌。

敬业才能成就事业

“无论从事什么职业，都应该精通它。”让这句话成为我们的座右铭吧！下决心掌握自己职业领域内的所有问题，使自己变得比他人更精通。如果我们是工作方面的行家，精通自己的全部业务，就能赢得良好的声誉，也就拥有了一种获得成功的秘密武器。

“我们是如何完成如此多的工作的？”“我在一段时间内只会集中精力做一件事，但我会彻底做好它。”如果我们对自己的工作没有做好充分的准备，又怎能因自己的失败而责怪他人、责怪社会呢？

现在，最需要做到的就是“精通”二字，大自然要经过千百年的进化，才能长出一朵艳丽的花朵和一颗饱满的果实。但是现在，很多年轻人随便读几本法律书，就想处理一桩桩棘手的案件，或者听了两三堂医学课，就急于做外科手术——要知道，那个手术关系着一条宝贵的生命啊！这种人注定会是失败者。

一位先哲说过：“如果有事情必须去做，便全身心去做吧！”另一位明哲则道：“不论我们手边有何工作，都要尽心尽力地去做到尽善尽美！”做事情无法善始善终的人，其心灵上亦缺乏相同的特质。他不会培养自己的个性，意志无法坚定，无法达到自己追求的目标。一面贪图玩乐，一面又想修道，自以为可以左右逢源的人，不但享乐与修道两头落空，还会悔不当初。这种人最终是会一无所成，是不会成为一名高效能人士的。

做事一丝不苟能够迅速培养严谨的品格，获得超凡的智能。它既能带领普通人往好的方向前进，更能鼓舞优秀的人追求更高的境界。因此，如果我们想在自己所从事的行业中有所成就，就要下定决心成为行业的专家员工，对行业领域里的所有问题都要比别人更精通。

一位智者曾经说过，如果我们能真正制作好一枚曲别针，比我们制造一架粗陋的蒸汽机挣得更多。业务水平的高低直接关系着我们的服务、产品、工作质量，同时也关系着集体和个人利益。要做一个新时期高素质的员工，就必须做到“精业”，对自己所从事的事业精益求精，刻苦钻研业务知识，争取让自己成为公司的“专家员工”。

业务水平的高低不仅直接关系到我们的工作质量和企业命运，和我们个人的利益也密切相关。

重庆煤炭集团永荣电厂的罗国洲，是一名有着30年工龄的普通员工，从烧锅炉工到司炉长、班长、大班长，至今他仍深情地爱着陪伴他成长并成熟的锅炉运行岗位。就是在这个岗位上他当上了锅炉技师，成为远近闻名的“锅炉点火大王”和锅炉“找漏高手”；就是这个岗位，让他感受到了一名工人技师的荣耀和自豪。

罗国洲有一副听漏的“神耳”，只要围着锅炉转上一圈，就能从炉内的风声、水声、燃烧声和其他声音中，准确地听出锅炉受热面是哪个部位管子有泄漏声；往表盘前一坐，就能在各种参数的细微变化中，准确判断出哪个部位有泄漏点。

除了找漏，罗国洲还练就了一手锅炉点火、锅炉燃烧调整的绝活，在用火、压火、配风、启停等多方面，他都有独到见解。锅炉飞灰回燃不畅，他提出技术改造和加强投运管理建议，实施后使飞灰含碳量平均降低到8%以下，锅炉热效率提高了4%，为企业年节约32万元。针对锅炉传统运行除灰方式存在的问题，罗国洲提出“恒料层”运行。实施后，解决了负荷大起大落问题，使标煤耗下降0.4克/千瓦时，年节约200多万元。

罗国洲学历不高，工种一般，职务很低，但他却成为社会公认的技术能手和创新能手，他的成长经历给我们的启迪就是：干一行，爱一行，精一行，只要努力，就有收获！

除非我们确实厌恶了某个行业，否则最好不要轻易转行。因为这样会让我们中断学习。每一行都有其苦乐，因此我们不必想得太多，关键是要把精力放在工作上，要像海绵一样，广泛吸取这一行业中的各种知识。

我们可以向同事、主管、前辈请教，还可以吸收各种报章、杂志的信息。另外，专业进修班、讲座、研讨会也都要参加，也就是说，要在我们所干的这一行业中全方位地深度发展。假若我们学有所精，并在自己的工作中表现出来，我们必然会得到老板的青睐。

无限发掘自己的潜能

人的潜能是无限的，关键在于认识自己、相信自己，发挥自己的力量。其实每个人对自己最大的才能、最高的力量总不能完全认识，只有在大责任、大变故或生命危难之时，才能把它催唤出来，而这催唤之人就是我们自己。

国际知名的潜能开发大师迈可葛夫说过："我们带着成为天才人物的潜力来到人世，每个人都是如此。"每个人都有着巨大的潜能，善于发现并挖掘它，它就能为我们所用。忽视或遗忘它的存在，它便沉睡在生命的角落。许多人连做梦也想不到在自己的身体里蕴藏着那么大的潜能，有着能够彻底改变他们一生的强项。

每个人都是被遮蔽的天才，一旦我们体内酣睡着的不可估量的潜能被激发出来，我们会发现世界上并没有我们无法战胜的困难。

对于人类所拥有的无限潜能，迈可葛夫曾讲过这样一个小故事：

一位已被医生确定为残疾的美国人，名叫梅尔龙，靠轮椅代步已 12 年。他的身体原本很健康，19 岁那年，他赴越南打仗，被流弹打伤了背部的下半截，被送回美国医治，经过治疗，他虽然逐渐康复，却没法行走了。

他整天坐轮椅，觉得此生已经完结，有时还借酒消愁。有一天，他从酒馆出来，照常坐轮椅回家，却碰上三个劫匪，动手抢他的钱包。他拼命呐喊拼命抵抗，却触怒了劫匪，他们竟然放火烧他的轮椅。轮椅突然着火，梅尔龙忘记了自己是残疾，他拼命逃走，竟然一口气跑完了一条街。事后，梅尔龙说："如果当时我不逃走，就必然被烧伤，甚至被烧死。我忘了一切，一跃而起，拼命逃跑，及至停下脚步，才发觉自己能够走动。"现在，梅尔龙已在奥马哈城找到一份工作，他已身体健康，与常人一样走动。

人的潜能犹如一座待开发的金矿，蕴藏无穷，价值无比，而我们每个人都有这样一座潜能金矿。但是，由于各种原因，每个人的潜能从没得到淋漓尽致地发挥。潜能是人类最大而又开发得最少的宝藏！无数事实和许多专家的研究成果告诉我们：每个人身上都有巨大的潜能还没有开发出来。

1960 年，哈佛大学的罗森塔尔博士曾在加州一所学校做过一个著名的实验。新学年开始时，罗森塔尔博士让校长把三位教师叫到办公室，对他们说："根据你们过去的教学表现，你们是本校最优秀的老师。因此，我特意挑选了 100 名全校最聪明的学生组成三个班让你们教。这些学生的智商比其他孩子都高，希望你们能让他们取得更好的成绩。"

三位老师都高兴地表示一定尽力。校长又叮嘱他们，对待这些孩子，要像平常一样，不要让孩子或孩子的家长知道他们是被特意挑选出来的，老师们都答应了。

一年之后，这三个班的学生成绩果然排在整个学区的前列。这时，校长告诉了老师们真相：这些学生并不是刻意选出的最优秀的学生，只不过是随机抽调的最普通的学生。教师也不是特意挑选出的全校最优秀的教师，不过是随机抽调的普通老师罢了。

可见，每一个人都能做到最好，我们所要做的，就是充分发挥聪明的潜能，奔向自己的目的地。正如爱默生所说："我所需要的，就是去做我力所能及的事情。"

美国学者詹姆斯根据其研究成果说：普通人只开发了他蕴藏的能力的 1/10，与应当取得的成就相比较，我们不过是半醒着的。我们只利用了我们身心资源的很小很小的一部分。要是人类能够发挥一大半的大脑功能，那么可以轻易地学会 40 种语言、背诵整本百科全书，拿 12 个博士学位。这种描述相当合理，一点也不夸张。所以说，并非大多数人命里注定不能成为"爱因斯坦"，只要发挥了足够的潜能，任何一个平凡的人都可以成就一番惊天动地的伟业，都可以成为另一个"爱因斯坦"。

世界顶尖潜能大师安东尼·罗宾指出，人在绝境或遇险的时候，往往会发挥出不寻常的能力。人没有退路，就会产生一股"爆发力"，即潜能。

一位农夫在谷仓前面注视着一辆轻型卡车快速地开过他的土地。他 14 岁的儿子正开着这辆车，由于年纪还小，他还不够资格考驾驶执照，但是他对汽车很着迷，而且已经能够操纵一辆车子，因此农夫就准许他在农场里开这辆客货两用车，但是不准上外面的路。

但是突然间，农夫眼见汽车翻到了水沟里去，他大为惊慌，急忙跑到出事地点。他看到沟里有水，而他的儿子被压在车子下面，躺在那里，只有头的一部分露出水面。这位农夫并不很高大，他有 170 厘米高，70 公斤重。

但是他毫不犹豫地跳进水沟，把双手伸到车下，把车子抬了起来，足以让另一位跑来援助的工人把那失去知觉的孩子从下面拽出来。

当地的医生很快赶来了，给男孩检查一遍，只有一点皮肉伤，需要治疗，其他毫无损伤。

这个时候，农夫却开始觉得奇怪了起来，刚才他去抬车子的时候根本没有停下来想一想自己是不是抬得动，由于好奇，他就又去试了一次，结果根本就动不了那辆车子。医生说这是奇迹，他解释说身体机能对紧急状况产生反应时，肾上腺就大量分泌出激素，传到整个身体，产生出额外的能量。这就是他可提出来的唯一解释。

由此可见，一个人通常都存有极大的潜能。这一类的事还告诉我们另一项更重要的事实，农夫在危急情况下产生一种超常的力量，并不仅是肉体反应，它还涉及心智的精神的力量。当他看到自己的儿子可能要淹死的时候，他的心智反应是要去救儿子，一心只要把压着儿子的卡车抬起来，而再也没有其他的想法。可以说是精神上的肾上腺引发出潜在的力量，而如果情况需要更大的体力，心智状态还可以产生出更大的力量即潜能。

爱迪生曾经说："如果我们做出所有我们能做的事情，我们毫无疑问地会使我们自己大吃一惊。"但是，在生活中很多人从来没有期望过自己能够做出什么了不起的事来。这就是问题的关键所在，正是因为我们只把自己钉在我们自我期望的范围以内，我们才无法发挥自己的潜力。

安东尼·罗宾告诉我们，任何成功者都不是天生的，成功的根本原因是开发了人的无穷无尽的潜能。只要我们抱着积极心态去开发我们的潜能，尤其是在困境之中，我们就会有用不完的能量，我们的能力就会越用越强。相反，如果我们抱着消极心态，不去开发自己的潜能，那我们只有叹息命运不公，并且越消极越无能！

每个人都有其发光点

人人向往成功，但成功的只有少数，而且比例越来越小。今天奥林匹克百米赛跑的参赛人数，是1896年的50倍，但奖牌依然只有三枚。随着竞争力的加剧，“失败者”呈倍数增长。可以说“失败”已经成为人生的常态。

既然如此，向失败者学习失败之处，以为自己的规避，也是提高学习能力的一种很好的方法。

一个事业颇有成就的企业家说：“一般人都是以成功者为师，把成功者的成就当作奋斗目标，有些人还遵循成功者的模式，以此构筑自己的未来。这种做法没什么不好，人总需要‘希望’来鼓舞。一切向‘成功者’看齐却有可能使人坠入一种幻觉当中，认为‘我也可以成功’！殊不知一个人的成功是需要很多条件配合的，并不是一蹴而就。另外，成功者的成功模式因为个性、主客观条件的不同，并不一定适合每个人。所以，向失败者学习，把失败者的失败当成一个案例，仔细探查失败的真正原因，以此作为自己的警惕，也是提高学习能力很有效的一种方法。”

这位企业家说，他从创业开始到现在，从未停止仔细观察同行及非同行的失败原因；别人是在成功中获取经验，他是从别人的失败中吸取教训，因此他不但顺利创业，而且发展得非常稳定。或许稍嫌开创不足，他说：企业的“存在”比“壮大”更重要，因为有“存在”，才可能“壮大”，若为了“壮大”而失去“存在”，那就失去创办企业的目的。何况失败是痛苦的事，更有一失败就永无再起的可能，所以，“避免失败”比“追求成功”更重要。

任何失败都是有原因的，不管是主观因素或客观因素。不过要了解失败者的失败原因不太容易，失败者往往不愿意谈失败的过去，因为这会暴露自己的无能。

如果我们找到失败者本人谈，他大概也不会告诉我们真相，他只会告诉我们，他的失败是因为经济不景气、朋友拖累、银行紧缩银根，或是被出卖、被骗、被倒账……属于他个人的能力、判断、个性上的问题，他是不会告诉我们的；何况有些失败者根本不知道他失败的原因。因此要了解失败者的失败原因，我们得多方收集资料，参考专家的分析、同行的看法，至于这位失败者的个人条件，可从他的朋友处了解。

当把资料收集够了，把它一条条列出来，仔细分析，再归纳成几个重点。

不过并不是了解就算了，我们必须把我们所观察、分析到的东西拿来检验自己，和失败者的一切做个对照比较。如果我们的个性、能力和其他主客观因素都有和那失败者相似之处，那么就要提高警觉。弱的地方要加强，不好的地方要改善，这样我们就可以避免和那失败者犯同样的错误，成功的概率自然会大为提高。

1993 年曾被美国《上方》杂志评为“本年度扭转乾坤的总裁”、著名企业家麦克·戴尔说：“我们一向把错误当成学习的机会，重点是要从所犯的错误中好好学习，才能避免重蹈覆辙。”他也是想告诉大家一个道理：失败是后来者的养料。

除了经营事业要向失败者学习外，一般做人做事也应向失败者学习。

在做人方面，多参考失败者的个性，观察他们平日的来往和作为，我们就可以知道他们做人失败的原因在那里。

在做事方面，“失败者”的例子更多，这里所谓的“失败”包括做得不尽完善的事，这些事一般都会由主管开会进行检讨，这种检讨有时只是应付应付，但因为近在身旁，所以不管检讨是不是在“应付”，我们都会有不错的收获。

曾有一个将军说：“两军对阵，谁犯的错误少，谁就得胜。”做事也是一样，犯的错误少，成功的概率就提高，而要减少错误，就是向“失败者”学习，这种教训并不需要我们以失败去换取，多么划算！

明白自己为什么而学习

学习不只是积累知识，还要以本身所学为基础，再发挥创造出新的东西。学习的目的，不在于培养另一个教师，也不是知识的简单复制，而是为了创造一个新的世界，世界之所以进步即在此。

在古罗马和古希腊有两个著名的演说家，一个叫西塞罗，一个叫狄莫西尼斯。每当西塞罗的演讲结束时，听众都一起鼓掌并大叫："说得真好，让我们又学到了新的知识！"而当狄莫西尼斯的演讲结束时，听众都立即转身就走："说得真好，让我们马上开始行动吧！"

著名学者吉米洛恩说过："世界上有两种人，他们都在同一本书上读到吃苹果有益于健康的知识，其中一个说：'我又学到了知识'，另一个二话不说，直接走到水果摊前买了几斤苹果。"吉米洛恩认为买苹果的人才是真正的聪明人，因为他们能够学以致用。而那些"学到了新知识"却不懂得运用的人，充其量只是一个"书呆子"。

知识只有在运用时才能产生力量。一个人不能为了学习而学习。培根在提出"知识就是力量"的口号以后，又做了补充，他说："学问并不是各种知识本身，如何应用这些学问才是学问以外的、学问以上的一种智慧。"这也就是说，有了知识，并不等于有了与之相应的能力，运用与知识之间还有一个转化过程，即学以致用的过程。

如果我们有很多的知识但却不知如何加以应用，那么我们拥有得再多也是死的知识。鲁迅说："用自己的眼睛去读世间这一部活书"，"倘只看书，便变成书橱，即使自己觉得有趣，而那趣味其实是已在逐渐硬化，逐渐死去了。"死的知识不但对人无益，不能解决实际问题，还可能出现害处。就像古时候纸上谈兵的赵括无法避免失败一样。因此，我们在学习知识时，不但要让自己成为知识的仓库，还要让自己成为知识的熔炉，把所学的知识在熔炉中熔化并炼成钢。

会学习者都不只是学习，而是以本身所学为基础，自行再创造出新的东西的一种过程。

姚明是一个非常爱学习的人，而且他总能把学到的东西应用到实践中去，这促成了他的成长。

通过读历史书，姚明喜欢上了诸葛亮这个人物。他说："从诸葛亮身上，我们能学到他解决问题的信条。他是一个非常有智慧的人。他能运用一切可以支配的资源：所有的士兵、军官和将军，找到一种方法让他们百分之百地发挥。"

这种思维方式在姚明来到 NBA 后对他很有帮助。姚明必须使出自己所有的一切。身体上，姚明处于劣势，虽然他很高，但并不是很壮。别人很容易把他从篮下推开，而他推别人却没那么容易。诸葛亮也是如此，他率领的军队也并不强大，但却能运用头脑击败更强大的敌人。正是在这个启发下，姚明找到了自己在

NBA 的强项，并尽力发挥出来。

“即使对手有许多强项，球队也只能有一个目标，就是把球投进篮里。”这是姚明通过学习诸葛亮总结出来的。

姚明还从金庸的小说《笑傲江湖》中学到了不少东西。

“我很喜欢书中人物的处世方式。他们行事非常有原则，知道自己在什么情况下该做什么，不该做什么。而且，他们都很放松，即使是在临死的时候也很放松。我也希望当自己身处困境时，也能像书中人物那样放松。”

不仅如此，姚明还将书中不同门派之间的过招运用到了篮球运动中。“打斗时，如果一方想击打另一方的脸，开始时会握紧拳头，在另一方的面前高高举起。但是，如果什么动作都不做，对方就猜不出自己要击打的部位了。在篮球运动中，准备进攻和防守前可以有许多不同站位。所以，在出击的时候不先出手，要让他们猜自己将会做什么。对方如何反应会透露一些信息，他们一定会显示自己的强项，这样就能据此设法回应。”

学以致用使姚明在 NBA 中产生了举足轻重的作用。

学习知识还是为提升智慧而存在的。假如只是收集很多知识而不消化，就等于徒然堆积许多本书而不用，同样是一种浪费。

人不能为了学习而学习。学习固然会让自己知识丰富，但也要让自己变得灵活、机智、善于处理问题。在这个世界上，相同的事物不会经常重复出现。因此，当面临一种新的状况时，谁也不能把以前所学的东西，原封不动地运用上去。以前所学的东西只能给人以认识事物的基础，而在此基础上加以研究，使知识更新让后人加以利用，才是目的。

学习就像我们在磨刀石上磨斧子，为的不是我们从石头上获得什么，而是使斧子变得更锋利。

让自己习惯环境去成长

许多人终生处在平庸的职位上，抱怨薪水太低、运气不好、怀才不遇，却没有意识到自己身处一所可以求得知识、积累经验的社会大学堂里。

之所以出现经常抱怨的现象，最直接的原因就是这样的人不思进取、不重视学习，宁可把业余时间消磨在娱乐场所或闲聊中，也不愿意用在学习上。他们心甘情愿陷于颓废的境地，尚未做任何努力就承认了人生的失败。

很久以前，有弟兄两人，各置办了一些货物，出门去做买卖。他们来到一个国家，这个国家的人都不穿衣服，称作“裸人国”。

弟弟说：“这儿与我国的风俗习惯完全不同，要想在这儿做好买卖，实在不易啊！不过俗话说‘入乡随俗’，只要我们小心谨慎，讲话谦虚，照着他们的风俗习惯办事，想必问题不大。”

哥哥却说：“无论到什么地方，礼义不可不讲，德行不可不求。难道我们也光着身子与他们往来吗？这可太伤风败俗了。”

弟弟说：“古代不少贤人，虽然形体上有变化，但行为却十分正直。所谓‘陨身不陨行’。这也是戒律所允许的。”

于是，弟弟先进入裸人国。过了十来天，弟弟派人来告诉哥哥，一定得按当地风俗习惯，才能办得成事。哥哥生气了，回话说："不做人，要照着畜生的样子行事，这难道是君子应该做的吗？我绝不能像弟弟那样做。"

裸人国的风俗，每月初一、十五的晚上，大家用麻油擦头，用白土在身上画上各种图案，戴上各种装饰品，敲击着石头，男男女女手拉着手，唱歌跳舞。弟弟也学着他们的样子，与他们一起欢歌曼舞。裸人国的人们无论是国王，还是普通百姓都十分喜欢弟弟。国王把弟弟带去的货物全都买下来了，付给他十倍的价钱。

而哥哥来了之后，满口仁义道德，指责裸人国的人这也不对，那也不好。引起国王及人民的愤怒，大家抓住了他，狠揍了一顿，全部财物都被抢走了。全亏了弟弟说情，才把他救了出来。

有什么样的环境，做出什么样的选择，自然就会有不一样的结果。学习也是一样，只有因地制宜，我们的学习才是最适合我们自己的，也是最成功的。

不懂的就要学，只有学了才会懂，也只有懂了才会用，用过后，我们才会适应。

世界建筑大师格罗斯设计的迪士尼乐园马上就要对外开放了，然而各景点之间的路该怎样连接还没有具体方案。格罗塔斯心里十分焦躁。巴黎的庆典一结束，他就让司机驾车带他去地中海海滨。

汽车在法国南部的乡间公路上奔驰，这里漫山遍野都是当地农民的葡萄园。当车子拐入一个小山谷时，他发现那儿停着许多车子。原来这是一个无人看守的葡萄园。我们只要在路边的箱子里投入5法郎，就可以搞一篮葡萄上路。据说，这是当地一位老太太的葡萄园，她因无力料理而想出这个办法。谁知，在这绵延上百里的葡萄产区，总是她的葡萄最先卖完。

这种给人自由，任其选择的做法使大师深受启发。回到住地，他给施工部拍了一份电报："撒上草种，提前开放。"

迪士尼乐园提前开放的半年里，草地被踩出了许多条小道，这些踩出来的小道有宽有窄，优雅自然。第二年，格罗塔斯让人按这些踩出来的痕迹铺设了人行道。

1971年在伦敦国际园林建筑艺术研讨会上，迪士尼乐园的路径设计被评为世界最佳设计。

国际联邦快递公司FedEx的台湾分部总经理陈信孝说："在FedEx，我们强调每一个人的学习与成长，所以每一位员工每年都有2500美元的助学金，等于一位员工每一年都有8万多元台币能自行运用，可以学计算机、英文、管理课程、日文等等，只要是主管认为对于职务或是未来职业生涯规划有利的课，都可以去上。我们认为公司整体的竞争力来自人，公司的员工如果可以不断地成长，那么公司也能不断地成长。"

公司如此，个人也是如此。一个人如果想要不断地进步，不在将来被淘汰，那么就一定要养成将目光放长远，为将来学习的好习惯。

学习从某种意义上来说就是一个不断地积累、积少成多、集腋成裘的过程。学习机会是广泛的，包括我们在生活中的每一步都有可学的东西。所以一个人要想学有所成，就一定要抓紧一切可以利用的时间进行学习。

英国著名生物学家达尔文每次外出考察的时候总是将书的几页撕下来放在大衣口袋里，即便是刚买来的新书也不例外。有人问他为什么不爱惜书，他说我之所以撕下来放在口袋里，是因为我在外考察的时候携带书籍不方便，但是又有一些随时可以利用来学习的空闲时间。

达尔文就是因为如此好学，能够充分利用时间进行学习，才为日后取得巨大的成就奠定了基础。

知识能使人富有。现代社会，每个人都面临着不同的压力，属于自己的时间、空间被压缩得很小。但时间是挤出来的，每天只拿出十分钟的时间读书，应该不是什么难事。每天坚持做下去，我们将会受益无穷。一个人储蓄的知识越多，人生才越充实。因此，零星的努力、细小的进步，日积月累，都是巨大的精神财富。

抓紧一切时间，利用每一分钟，及时地学习是非常必要而且有效的。在我们的生活中，有太多的零碎时间被浪费了，如果一个人能够每天都好好地利用自己的时间，那么就一定会取得很高的成就。

人与生俱来，哪怕最简单的一个动作都得靠学，否则就会无法生存下去。因此，养成学习的习惯是适应这个社会的最基本的生存之道。

我们最好的老师是自己

善于用自己的头脑思考，善于结合自己的实践、经验来积累知识、增长学问的人，不但知道事物的本身，而且能够根据事物的表面现象做出正确无误的判断。遇到应该做的事，他能凭借自己的实践经验，毫不犹豫地去干，并且有始有终地完成。这样的人才是有真本领的人。

要想成功，学习的重要性不言而喻。向他人学习，可以取长补短，互通有无；从书本上学习，培根说“读史使人明智，读诗使人聪慧，演算使人精密，哲理使人深刻，伦理学使人有修养，逻辑修辞使人善辩”。这两种学习方式都无可厚非，但是，在平时学习中，许多人会遗漏另一种学习方法：向自己学习！

也许我们会疑惑：向自己学习？太骄傲自大，太狂妄了。其实，不然。相反，向自己学习，是一种必不可少的学习方式，也是自我发展中不可或缺的。

向自己学习，就是经过实践经验后，反思、总结经验与教训，并提炼出应对策略。其实，在实际工作生活中，我们常常这样做，只是，没有意识到这个过程就是向自己学习的过程。

那么，需要从哪方面向自己学习呢？

1. 从自己的错误中学习

“金融大鳄”索罗斯说：“我的成功，不是来自猜测正确，而是来自承认错误。”实际上，每个人的成功，都要从认错开始。认错之后，就要想办法改变，在这个过程中，可以请教别人，可以看书，可以分析自己失败的原因，然后找出对策，做到对症下药。这样不断地反思自己过去的思路和方法，并从成功的经验中吸取教训。这样，我们便从错误中学到了最有价值的东西。

至少有四种错误需要学习：

第一种错误，是在“在人行道上跌倒”或者“碰还没干的油漆”的错误。从这种错误中我们可以学到的唯一教训是，对这种错误表示沉默。但是，并不是说类似的错误再也不会发生。因为，人生的道路，总有崎岖不平；我们也总是有抑制不住强烈的愿望，想去看看“油漆未干”是否属实。

第二种错误是低级错误。比如，出门后把钥匙锁在了屋里。如果类似这种事情经常发生，这就需要想办法去记住一些事情。解决了这种错误，我们可以变得更加有组织、有规律。

第三种错误就是不断重复前两个错误，却并不知道它是错误，或者不知道如何去改变和学习错误，以期在下一次得到不同的结果。这时，应该对自己的思维方式进行改变。

第四种错误，是最有机会学习的错误。它可能是不可避免的，因为事情的整个环节都会渐渐导致失误的产生，这正是需要学习的地方。通过分析原因、时间、特征和错误的本质，会发现错误完全不可避免，但是或许可以利用这些信息，在事情进行的过程中做出不同的反应，从而达到不同的效果。

想要成功，就应该不断否定自己，创新，再否定……直到找到最优良的解决方案。承认错误并不可怕，可怕的是已经认识到不足后依然不改，故步自封。更可怕的是发现不了自己的不足。

2. 向自己的经验学习

学习是取其精华，去其糟粕的过程。所以，在向自己学习的过程中，我们不仅要向自己的错误学习，还要向自己的经验学习。通过实践，不断反思，得出经验教训，吸取教训，创新工作方法，并总结经验，这是很重要的一步。

有不少人只注意学习别人的经验，而不重视自己的经验。甚至认为学习自己的经验是一种傻瓜行为。他们觉得这样的人过于自信、骄傲自满、思想保守、知识浮浅、心胸狭窄，不是闭关自守、故步自封、头脑僵化，就是生活孤立，没有明确的发展目标。

其实，不然。每个人无论学习什么，都可以有三种方法：一是从书本上学，二是从他人的经验中学，三是从自己的实践中学。向自己的经验学习，并不等于不向别人的经验学习。

事实上，三种学习方法是互相渗透的，书本上得来的知识，它的价值如果比作铜，那么从他人的经验里得来的知识就是银，而从自己亲身实践中得来的知识就是金了。

向自己的经验学习，首先要总结自己的经验，总结经验的过程也是整理过程，会让自己更有条理，更有效地发挥自己的优点，所以，这个过程也是学习提升的过程。

从写作方面而言，对写作能力和思维能力也有很大帮助。把自己的经验写出来后，跟别人分享，说不定，也能给别人启示，这样既能提升自己，又能帮助别人，何乐而不为？甚至通过交流，别人会给我们更好的建议。

管理大师彼得·德鲁克说：“我靠倾听来学习，倾听我自己。”美国杰出小说家纳博科夫说：“一流的作家都模仿自己，二流的作家才模仿他人。”他们都是杰出的大师，也是自己向自己学习的典范。

时刻让自己在学习的路上

能够终身学习的人，是人生的常青树。

拉里·埃里森——全球第二大软件制造商甲骨文公司创始人、总裁兼 CEO，曾被《财富》杂志列为世界上第五富的人，2004 年《福布斯》杂志全球富豪排行榜显示，他的个人净资产为 187 亿美元，排名第 12 位。

甲骨文公司是世界上最大的数据库软件公司。当我们从自动提款机上取钱，或者在航空公司预定航班，或者将家中电视连上 Internet 网，我们就在和甲骨文公司打交道。

埃里森是典型的气势凌人的技术狂人，个性张扬，硅谷流传着这么一个笑话：上帝和拉里·埃里森有什么区别？——上帝不认为自己是拉里·埃里森。

狂傲专横就是他的公众形象，他的财产堪与比尔·盖茨相匹敌，对竞争对手毫不留情。

不可否认，这个备受争议的人物却是一个天才，在短短 26 年的时间里，就把一个软件公司发展成世界第二大软件制造商。

是什么使他在信息时代笑傲江湖呢？

学习，是持续不断的学习，使这个集众多非议于一身的“坏家伙”，始终走在信息时代的最前沿。

1944年，埃里森出生在纽约的曼哈顿，由舅舅一家抚养，在芝加哥犹太区中下阶层长大。小时候的埃里森并没有表现出超于同龄人的天赋，在学校时，他成绩平平，非常孤独，喜欢独来独往。唯一感兴趣的就是计算机。

1962年，埃里森高中毕业，他先后进入芝加哥大学、伊利诺斯大学和西北大学学习，虽然经历了3个大学，最终却没有得到任何大学文凭。

关于学位，埃里森认为：“大学学位是有用的，我想每个人都应该去获得一个或者更多，但我在大学没有得到学位，我从来没有上过一堂计算机课，但我却成了程序员。我完全是从书本上自学编程的。”

知识的迅速增长和更新，使人不得不在学习上付出更多的努力。现在，人们在“终身教育”问题上达成了共识，现在“终身教育”思想已经成为当代世界的一个重要教育思潮。今天，在世界范围内都响起了“不学习就死亡”的口号。

由此，学习就意味着是一个终身的过程，是现代人生命过程的一个重要组成部分。

任何一个人，不管有多高的天资，有多高的文凭，都没有资格说：“我已经不用学习了。”

在中国古代的金溪县有个人叫方仲永，当他5岁时，就能写诗作赋。人们指着什么事物叫他作诗，他都能当即写成，被认为是神童。于是就有人请他父亲带方仲永去做客，并即席作诗，有的人还赠些银两。他父亲心中窃喜，就天天拉着他去拜访各路人，不叫他学习。在他13岁的时候，他写出来的诗已不能和以前的名声相称了。又过了7年，他已经默默无闻，和一般人一样了。

如此看来，即使神童也得不断学习，否则迟早有一天会“神”不起来。

埃里森曾经对前来应聘的大学毕业生说：“你们的文凭代表你们受教育的程度，它的价值会体现在我们的底薪上，但有效期只有3个月。要想在我这里干下去，就必须知道你们该继续学些什么东西。如果不知道学些什么新东西，你们的文凭在我这里就会失效。”

在我们身边确有一些高学历的人，他们自我感觉已经掌握了改造世界的全部本领，认为出了校门就不用再学习了。其实，这样的认识是非常危险的。

时代飞速发展，环境急剧变化，没有一劳永逸的成功，只有不断学习，终身学习，我们才不会被抛出时代的列车。

通过学习让自己变得渊博

高尔基说：“书籍是人类进步的阶梯。”对于这个“阶梯”的理解，应该是人们一生的经历有限，不可能每件事情都通过自己的行动来获得知识，那么就只能依靠书籍。每天学习，不断进步，也就是走上了一条通往成功的道路。

知识和才干的增长，不是一朝一夕的事，只有养成每天学习的习惯，才会有不菲的收获。

威廉·奥斯罗爵士是美国当代最伟大的内科医生之一。他的杰出的成就不仅在于他精深的专业知识和技能，而且因为他具备个方面的渊博知识。他非常重视提高自身文化修养，也很清楚要了解人类杰出成就的最好途径就是阅读前人留下的文字。但是，奥斯罗有着比别人大得多的困难。他不仅是工作繁忙的内科医生，同时，他还得任教、进行医学研究，除了少得可怜的吃饭、睡觉的时间。他大多数时间都沉浸泡在这三种工作中。

奥斯罗自有他的解决办法。他强迫自己每天必须读书15分钟，不管如何疲劳、难受。睡觉之前的15分钟必须用来看书。即使有时研究工作进行到夜间两点，他也会读到2点15分。坚持一段时间后，他如果不读上15分钟就简直无法入睡。

在这种坚持下，奥斯罗读了数量相当可观的书籍。除了专业知识之外，他在其他方面的才学亦十分全面，这种趋于完美的知识结构使他能够充分发挥其他业余爱好，并皆有成就。

从清贫困苦的学徒少年到“塑胶花大王”，从地产的大亨到股市的大腕，从商界的超人到知识经济的巨擘，从行业的至尊到现代高科技的急先锋……李嘉诚一路走来，几乎都能占得先机，发出时代的新声，挣得巨大的财富。他有什么成功的秘诀吗？

李嘉诚出生在一个书香世家。家学渊源对少年李嘉诚的影响深刻久远，他对自己 14 岁之前的求学、求知经历，曾有过这样的感叹："少年时期学到的知识弥足珍贵，它令我终身受益。"

少年时代，李嘉诚接受了正统的中国传统文化的熏陶。他三岁就能吟咏《三字经》《千家诗》等诗文。但年幼的李嘉诚并不满足于先生教授的诗文。李氏家族的古宅，有一间珍藏图书的藏书阁，李嘉诚每天放学回家，便泡在这间藏书阁里，孜孜不倦地阅读课堂学不到的知识，由此他被表兄弟们称为"书虫"。这为李嘉诚后来的发展与辉煌奠定了宝贵的基础。

可是好景不长。14 岁这年，由于生活所迫，李嘉诚只好辍学，来到一家茶楼打工，每天要工作 15 个小时以上。尽管如此，李嘉诚也没有放弃学习，回到家后，他就着油灯苦读到深夜。由于学习太用心，他经常会忘记时间，以致想要睡觉的时候，已到了上班的时间。就在他的同事们闲暇打麻将的时候，李嘉诚也是捧着一本《辞海》在啃，时间长了，厚厚的一本《辞海》被翻得发了黑。

后来，李嘉诚来到中南公司做学徒。白天做工，晚上的时间全由自己掌握。这时，李嘉诚给自己定下了新的目标——利用工余时间自学完中学课程。可是他的工资微薄，既要维持家用还要供养弟妹上学，根本没有多少多余的钱用来买教材，他便灵机一动，买了旧教材。

后来，李嘉诚回忆这段往事，说："先父去世时，我不到 15 岁，面对严酷的现实，我不得不去工作，忍痛中止学业。那时我太想读书了，可家里是那样的穷，我只能买旧书自学。我的小智慧是环境逼出来的。我花一点点钱，就可买来半新的旧教材，学完了又卖给旧书店，再买新的旧教材。就这样，我既学到知识，又省了钱，一举两得。”

后来，到了香港。对李嘉诚来说，首先要解决的是说话问题，广州话和英语这两个语言关必须解决，不然很难在这个国际化大都市应对自如。

李嘉诚便把学习这两门语言当作一件大事来对待。他拜表妹表弟为师，学习广州话，每天都抽时间勤学苦练。很快就学会一口流利的广州话。

他学习英语几乎到了走火入魔的地步。在上学、放学的路上，他边走边背单词。夜深人静，他怕影响家人的休息，独自跑到屋外的路灯下读英语。天刚亮，他又一骨碌爬起来，口中念念有词，不是在朗读就是在背诵英文。功夫不负苦心人，李嘉诚凭着每天刻苦学习的毅力，最终熟练地掌握了英语。英语给李嘉诚带来了无法估量的巨大财富。

在长江塑胶厂创立之初，李嘉诚时刻敏锐地关注着塑胶行业的任何一个动向。终于，他在英文版《塑胶》杂志上，发现一则好消息。他当即做出判断，在一无资金二无技术三无人才的窘境下，只身一人飞赴意大利拜师学艺。在意大利的这段日子，李嘉诚靠着坚忍不拔的毅力、好学求索的智慧和精明能干的胆识，学到了塑胶花生产技艺。

从此，香港迎来了一个塑胶花的黄金时代，也使李嘉诚荣获了“塑胶花大王”的美誉，他为打造未来的商业王国攫取了第一桶金。

有人问李嘉诚："今天您拥有如此巨大的商业王国，靠的是什么？"

李嘉诚回答："依靠知识。"

那人又问："李先生，您成功靠什么？"

李嘉诚毫不犹豫地回答："靠学习，不断地学习。"

在六十多年的从商生涯中，李嘉诚一如既往地"不断学习"。他每天晚上睡觉前，都要看半个小时的书或杂志，学习知识、了解行情、掌握信息。文、史、哲、科技、经济方面的书他都读。

李嘉诚说："年轻时我表面谦虚，其实内心很'骄傲'。为什么骄傲？因为我在孜孜不倦地追求着新的东西，每天都在进步，这样离我的目标就不远了。"

最后，让我们粗略计算一下每天读书的效果：按照中等阅读速度每分钟读 400 字，假如每天抽出 15 分钟的时间用于学习，可以读 6000 字；如果能够抽出 30 分钟，则可读 1 万字。即使只按 15 分钟计算，一个月下来我们就看了 18 万字，一年下来就是 200 多万字，这差不多是 3000 多页的书；若按一本书 20 万字计算，每天读书 15 分钟，一年就可以读十多本书，这个数目是相当可观的。

第六章 积少成多，夯实成功的基石

“不积跬步无以至千里”，很多人都忽略小事情的作用，认为自己生来就是做大事情的。学富五车的人也是一本本书所积累出来的学问，任何事情都不会一蹴而就，没有任何通往成功的近路。

“一屋不扫，何以扫天下”，我们只有做好一件件小事，才能做更大的事情。所以在工作生活中，无论大事小事，都能让我们学到道理，要想自己有水滴石穿的威力，就必须有连绵不断的毅力。

实现自己的理想

理想之所以称为理想，本身就蕴含了来之不易的意思。很容易就能达成的目标，不能叫理想。轻易放弃自己的理想，等于抛弃了自己。

在棋盘上一枚卒子要过河，不知道要经历多少磨难！在人生的路上，要泅渡过那条制约我们施展手脚的河，同样是困难重重。其实，有困难才是正常的，没有困难的河流阻挡淘汰，用什么来区分卒子的优秀与卓越？

理想是用来实现的，而不是用来放弃的。曾经在一本杂志上看到这样一个故事：

在美国乡村的某个小学的作文课上，年轻的语文老师给小朋友们布置了一篇作文，题目叫“我的理想”。一位小朋友是这样描绘他的理想：将来自己能拥有一座占地十余顷的庄园，在辽阔的土地上植满绿茵；庄园中有无数的小木屋，烤肉区，及一座休闲旅馆；除自己住在那儿外，还可以和前来参观的旅客分享自己的庄园，有住处供他们休息。

老师检查作文后，在这个小朋友的簿子上画了一个大大的红“×”，老师要求他重写。小朋友仔细看了看自己所写的内容，并无错误，便拿着作文去请教老师。老师告诉他：“我要你们写下的是自己的理想，而不是这些梦呓般的空想，理想要实际，而不是虚无幻想，你知道吗？”

小朋友据理力争：“可是，老师，这真是我的理想呀！”老师也坚持观点：“不，那不可能实现，那只是一堆空想，我要你重写。”

小朋友不肯妥协：“我很清楚要实现我的理想很难，但这的确是我真正想要的，我不愿意改掉我的理想。”老师坚决地摇头：“如果你不重写，我就让你不及格，你要想清楚。”小朋友没有妥协，结果他的作文真的没有及格。

30 年后，这位老师带着一群小学生到一处风景优美的度假胜地旅行，在尽情享受无边的绿草，舒适的住处及香味四溢的烤肉之余，他望见一名中年人向他走来，并自称曾是他的学生。

这位中年人告诉他的老师，他正是当年那个作文不及格的小学生，如今，他拥有这片广阔的度假庄园，真的实现了儿童时期的理想。老师望着这位庄主，不禁感叹：“三十年来我不知道用‘实际’改掉了多少学生的梦想；而你，是唯一保留自己的梦想，没有被我改掉的。”

谁没有过理想呢？有多少人实现了自己的理想？

没有实现理想不要紧，只要我们还行走在前进的路上，就一切皆有可能。而遗憾的是，很多时候，我们没有实现理想是源于放弃。放弃理想大致有两种原因：一种是随着岁月的增长，发现原来的理想并非自己真正想要的；一种是因为困难太大，自己主动放弃了理想。

前者是主动放弃，后者是被动放弃。理性地说，适当的放弃是人生路上无奈却必需的妥协。但我们一定要谨慎判断“适当”——我们的理想是我们内心所深切的渴望吗？如果是的，那么我们就不应该轻易放弃。

用实力证明自己

歌德曾这样描述坚持的意义：“不苟且地坚持下去，严厉地驱策自己继续下去，就是我们之中最微小的人这样去做，也很少不会达到目标。因为坚持的无声力量会随着时间而增长，而达到没有人能抗拒的程度。”

在我们说出自己的梦想时，难免有些人会觉得我们是“癞蛤蟆想吃天鹅肉”，属于不自量力，痴人说梦。一个人打击我们，或许没有什么；十个人打击我们，有点动摇了吧；百个人打击我们呢？

其实，别人劝阻或讥笑我们的寻梦，也并非想害我们。相反，绝大多数还是出于善意，打着各种好听的旗号。“相信我，我们走的那条路行不通，别浪费自己的精力了。”他们会这么说。

有一则寓言，说的是一群动物举办了一场攀爬埃菲尔铁塔的比赛，看谁先爬上塔顶谁就获胜。很多善于攀爬的动物参加了比赛，更多的动物围着铁塔看比赛，给它们加油。作为比赛的裁判，老鹰早早地飞上塔顶。比赛开始了，所有的动物没有谁相信参赛的动物能够到达塔顶，它们都在议论：“这太难了!!它们肯定到不了塔顶！”听到这些，一只又一只的参赛动物开始泄气了，除了那些情绪高涨的还在往上爬。下面的动物继续喊着：“这个塔太高了！没有谁能爬上顶的！”越来越多的动物累坏了，退出了比赛，只有一只蜗牛还在越爬越高，一点没有放弃的意思。

最后，那只蜗牛费了很长的时间，终于成为唯一一只到达塔顶的胜利者。夺冠的蜗牛下来后，得到了很多的掌声。有一只小猴子跑上前去，问蜗牛哪来那么大的毅力跑完全程。谁知道蜗牛一问三不知——原来，这只蜗牛耳聋。

这个寓言要表达的意思是：不要轻易地被别人的指指点点妨碍了自己的脚步。根据研究，那些白手起家的百万富翁都有一种有趣的“免疫系统”——很强的心理承受能力。他们有一种后天获得的挫败恶意批评者过激言论的能力，这种能力形成了心理盔甲。这些百万富翁，总是漠视各种批评者和权威人物的负面评价。甚至有些白手起家的百万富翁们说，某些权威人物所作的贬低的评价对于他们最终取得成功起过一定的作用——锤炼、铸就了他们所需要的抵抗批评的抗体，坚定了他们的决心。

谁更能够禁得住一打信贷官员的负面评价，并且厚着脸皮不断请求直到贷款被批准呢？这些成功的百万富翁就能做到，他们总是抵制那些说他们的未来计划不会有成效的批评者。对他们来说，找到一个明智而开通的信贷者只是时间和努力的问题。

无论一个人有多聪明，如果没有坚韧不拔的品质，他就不会在一个群体中脱颖而出，他就不会取得成功。许多人本可以成为杰出的音乐家、艺术家、教师、律师或医生，但就是因为缺乏这种杰出的品质，最终一事无成。

坚韧的人从不会停下来想想他到底能不能成功。他唯一要考虑的问题就是如何前进，如何走得更远，如何接近目标。无论途中有高山、有河流还是有沼泽，他都会去攀登、去穿越。而所有其他方面的考虑，都是为了实现这个终极目标。对于一个不畏艰难、一往无前、勇于承担责任的人，人们知道反对他、打击他都是徒劳的。

多多使用我们的大脑

有位先生在一个公司干了十多年，在部门副经理的位置上待了五年，迟迟升不上去。本来两年前有一个扶正的机会，原经理调入总部，空下的位子完全有可能由自己顶替，但总部不知道出于什么目的，居然另从他处调来一个人来当经理。这个先生没有当上经理，本来也没有什么抵触心理，问题是，新来的经理和自己不咬弦，经常会有一些小小的摩擦。

在一次冲突后，这个副经理决定不再在这个经理下面受气，于是决定找猎头公司帮自己谋个匹配的公司。他在家里将这个决定告诉了妻子，他的妻子问他：你是不是对这个公司没有了兴趣？他回答不是的，自己很舍不得走，只是无法容忍经理的管理方式。“那么，你为什么不换个角度，试着帮你的经理找个更好的职位呢？”

这个主意不错。副经理想：但是要如何才能让经理挪动呢？出阴招、告黑状之类的方法显然不可取。他们夫妻俩商量来商量去，觉得最好的办法莫过于帮助经理升职去总部，这是一个积极的、双赢的方法。

有了这个策略后，副经理的工作更加努力了，不仅带领团队将业绩做得相当出色，还在很多重要场合突出经理的领导有方。他这样做的效果很快就出来了，首先经理与自己的冲突减少了，不久之后，经理就因为能力强而上调总部担任更重要的职务。经理在临走时，大力向高层推荐副经理接任自己的职务。结果，副经理果然被扶正。

我们举上面这个例子的意思是：解决问题的方法很多，一定要用脑子去智取，不要蛮干。方法得当方为强者。蛮干很容易，做得不开心，我一走了之，这个人人都会做。西方流行着一句十分有名的谚语，叫作："Use your head"（用用我们的脑子），许多名人一生都谨记着这句话，为人类解决了很多难题。

在现代社会里，每个人都在想尽一切办法来解决生活中发生的所有问题，而且，最终的强者也将是解决方法最得当的那部分人。

世界著名的计算机厂商IBM的前任总裁华特森就是一个特别注重办事方法的人，而且他十分舍得花费时间和金钱来培训员工们思考问题想办法的能力。他曾对外界信誓旦旦地说："IBM每年员工教育训练费用的增长，必须超过公司营业的增长。"事实也确实如此。

在全世界IBM管理人员的桌上，都会摆着一块金属板，上面写着"THINK"（想）。这一字箴言，就是IBM的创始人汤姆·华特森创造的。

1911年12月，华特森还在NCR（国际收银机公司）担任销售部门的高级主管。

有一天，寒风刺骨，淫雨霏霏，气氛沉闷，无人发言，大家逐渐显得焦躁不安。

华特森突然在黑板上写了一个很大的“THINK”，然后对大家说：“我们共同的缺点是，对每一个问题没有充分思考，别忘了，我们都是靠动脑赚得薪水的。”

在场的NCR总裁约翰·巴达逊对“THINK”这一字大为赞赏，当天，这个字就成为NCR的座右铭。3年后，它随着华特森的离职，又变成了IBM的箴言。

其实，“THINK”是华特森从多年的推销经验中孕育出来的。

他在1895年进入NCR当推销员。他从公司的“推销手册”中学到许多推销的技巧，但理论与实际总有一段距离，所以他的业绩很不理想。

同事告诉他，推销不需要特别的才干，只要用脚去跑，用口去说就行了。华特森照做了，还是到处碰壁，业绩很差。

后来，他从困厄中慢慢体会出，推销除了用脚与口之外，还得靠脑。想通了这一点后，他的业绩大增。3年后，他成为NCR业绩最高的推销员。这就是“THINK”的由来。

德国著名数学家高斯，孩童时代的聪明早就被传为佳话。小高斯和同学们在计算1—100之间的自然数之和时，都在用脑。小高斯用脑找了一条捷径，方法得当，不消几分钟就算出5050的正确答案；而其他人则用脑将一个又一个数字相加，费时费力得出的答案还较难保证不出错。这就是方法得当的力量。

坚持贵在持之以恒

一个人能坚持到执着，坚持到在磨难与非议中义无反顾，其心中的强大支柱来自坚信。因为坚信自己选择的路没有错，所以才能够风雨无阻。

作为当今 IT 界的王者，“草根”创业英雄马云可谓小人物们的榜样。马云没有家庭后台，没有名校学历和海归背景，甚至连长相与身高都没有优势——媒体委婉地称他“长得很童话”，而他的个头与拿破仑相当。就这么一个普通得不能再普通的人，居然一手成功缔造了阿里巴巴与淘宝，现在正在努力地做一个叫“阿里妈妈”的互联网广告平台。

我们都知道在那个阿里巴巴与四十大盗的童话中，阿里巴巴口念“芝麻开门”就可以开启强盗的宝库。现实中的阿里巴巴同样充满传奇色彩，每一次芝麻开门都是那么地激动人心。1999 年 3 月，马云的阿里巴巴在自己家里呱呱诞生。8 年后的 2007 年，在胡润推出的中国大陆财富榜上，马云的财富为 50 亿人民币。

阿里巴巴有今天的成功和财富，离不开“坚持”。而坚持来自坚信。马云首先坚信的是自己的能力，无论媒体是如何“贬损”马云的外表，都无损于他自信、睿智、能干的强者形象。同时，他还坚信自己选择的事业方向是正确的。马云说，他从创业之初就坚信电子商务一定会走出来。“如果说当时我就知道自己电子商务能够发展成今天的规模，那我肯定是在吹牛。但是，我相信它会发展。而且我一直坚持着。”马云“坚信互联网会影响中国、改变中国；坚信中国可以发展电子商务；也相信电子商务要发展，必须先让网商富起来。”在“相信自己”这一点上，马云对年轻人的建议是这样的：“人必须要有自己坚信不疑的事情，没有坚信不疑的事情，那我们不会走下去的，我们开始坚信了一点点，会越做越有意思。”

马云创办了阿里巴巴后的第二年，也就是2000年，网络经济泡沫破灭，互联网企业陷入了低谷。那时的阿里巴巴也未能幸免，人心浮躁，人员流失，阿里巴巴在美国的办事处和国内一些地区的办事机构也相继关闭。

马云后来回忆当时的心情：“互联网能走多久，这些想法到底是天真还是狂话？到了最冷的冬天大家觉得这个公司不可能走下去，那时的压力太大了。”这是一段最困难的时期，现实的浮躁、对未来的迷茫以及员工的不理解使马云陷入低谷。一次会议之后，马云在长安街上黯然走了15分钟。马云说：“坚持到底就是胜利，如果所有的网络公司都要死的话，我们希望我们是最后一个死的。”

在一次电视访谈中，马云有过一番这样的讲演：“做人的道理我不敢讲得太多，但我自己这么看，我觉得今天很残酷的，明天更残酷，后天很美好。绝大部分的人都是在明天晚上死掉的，见不到后天的太阳。所以我们这些人如果我们希望成功的话，我们每天要非常的努力，活好今天，我们才能度到明天，过了明天我们才能见到后天的太阳。”

在互联网经历寒冬的时候，很多人在逃难。就连马云团队里的一些人也动摇了，纷纷出去另谋出路。马云认为当年从他的公司里逃难的人都是“聪明人”，只有一批“傻子”坚持和他在一起。聪明人与后来的财富擦肩而过，财富青睐的是坚持到底的“傻子”。成功路上无止境。为了后天的太阳，傻傻的马云仍在坚持着，追逐着。

马云的坚持让他以及他的“傻子”团队收获了什么呢？不久前在香港上市的阿里巴巴 B2B 公司，总市值将超过 680 亿港元；马云直接持有上市公司股份的价值超过 25 亿港元；蔡崇信、卫哲等高管都将成为千万，乃至数亿级别的超级富豪；按平均计算，阿里巴巴的每个员工都成了百万富翁，有超过 1000 人成了实际意义上的百万富翁……中国互联网有史以来最大的富人帮也由此诞生。

马云在公司上市前，把公司 300 多名元老召集到一起开了个会。这些人都毫无疑问地进入了阿里巴巴的富人俱乐部。在这个会上，马云和这些元老共同感叹：“大家有今天的财富，全在于坚持。有时候傻坚持都比不坚持好。”

专心致志方有成就

大凡成功人士，都能专注于一个目标。林肯专心致力于解放黑人奴隶，并因此使自己成为美国最伟大的总统。伊斯特曼致力于生产柯达相机，这为他赚进了数不清的金钱，也为全球数百万人带来了不可言喻的乐趣。

互联网在近年来是一个盛产神话的地方。就像所罗门王的巨大宝藏，吸引了许多探宝者，有的满载而归，更多的是铩羽而归。

在这些满怀淘金梦的人中，有一个叫李彦宏的人吸引了人们的眼球。事情得从十多年前谈起。1999 年底的 IT 行业正处于一个由盛而衰的时期，年纪轻轻的李彦宏从美国硅谷回国创业。他一心想在 IT 行业做番事业，将创业的方向锁定在中文搜索引擎上。之所以有这样的选择，与他在北京大学图书馆系情报学专业求学的背景，以及与他后来在美国读的计算机检索和为一家报纸做信息搜索的经历有关。专业知识的素养和相关工作的经验，都让李彦宏坚信互联网搜索将是非常有前景的商业模式。

“众里寻他千百度，蓦然回首，那人却在灯火阑珊处。”从辛弃疾的《青玉案》中，李彦宏挑选了“百度”来作为自己初创的网络搜索引擎公司的名字。他的这一次创业，正赶上了互联网的泡沫破灭，很多人都对他摇头，包括当时中国互联网行业的先驱和领导者张树新。“你怎么这么过时，现在还搞搜索引擎，搜索都诞生好几年了。”

李彦宏并不服气，他试着去和风险投资商谈判。1999 年年底，他与自己的合作伙伴成功地找到了 120 万美元的风险投资。2000 年 1 月 1 日，李彦宏的百度蹒跚上路。5 年多的跋涉，百度跑到了美国的纳斯达克。百度上市于一夜之间让李彦宏成了亿万富翁。

创业艰难百战多。站在纳斯达克炫目的舞台上，李彦宏仍用“专注”一词来归纳自己的成功。他自始至终坚持中文搜索。“诱惑太多，转型做短信、网络游戏、广告的，都马上盈利了，我们选择了一条长征的路线，而且5年来一直没有变。”

IT行业里还有一个鼎鼎有名的人，叫王文京，是用友软件集团公司的董事长。十几年的时间，王文京从一介书生发展到个人身价高达数十亿元，他一手缔造的用友软件也牢牢占据着中国财务软件的领导地位。谈及自己的创业，王文京用最简单的语言概述他的精华：“一生只做一件事。专注，坚持。要想在任何一个行业出头，必须有沉浸其中十年以上的决心，人一生其实只能做好一件事。”正是凭着这朴实而坚定的人生信条，王文京实现着用友软件商业化的梦想。

李彦宏和王文京都不约而同地强调“专注”，值得我们好好比照与反思自己的行为。专注，意味着集中精力发展与突破。很多人涉足很多领域，学习很多知识，其实内部很虚弱，每一项都没有很强的竞争力。

专注于某一件事情，哪怕它很小，努力做得更好，总会有不寻常的收获。请看这样一件事。有一位陕西农村妇女没读完小学，连用普通话表达意思都不太熟练与清楚。因为女儿在美国，她申请去美国工作。她到移民局提出申请时，申报的理由是有“技术特长”。移民局官员看了她的申请表，问她的“技术特长”是什么，她回答是会“剪纸画”。

她从包里拿出剪刀，轻巧地在一张彩纸上飞舞，不到3分钟，就剪出一组栩栩如生的动物图案。移民局官员连声称赞，她申请赴美的事很快就办妥了，引得旁边和她一起申请而被拒签的人一阵羡慕。

这个农村妇女没有其他的能耐，但她有一把别人都没有的剪刀。一个人没有学历，没有工作经验，但只要有一项特长，一处与众不同的地方，就可能得到社会的承认，拥有其他人不能获得的东西。可是在我们身边，许多人往往走入误区，譬如一些大学生在校读书期间，忙着考这证考那证，证书弄了一大摞，忙着做主持、当模特，业余职业换了一个又一个，但毕业之后却很难找到一份合适的工作。原因就是由于他们分散了时间和精力，没有专注于某一件事情，结果事与愿违。

每天都花一点点时间问一下自己的内心：我们真正想要的是什么？什么才是我们人生中最重要的？慢慢地，我们会发现，那些遥远的、不切实际的东西都是我们行动的累赘，而那些离我们最近的事物才是我们的快乐所在。把精力集中在最能让我们快乐的事情上，别再胡思乱想、偏离正确的人生轨道。

只要我们一次只专心地做一件事，全身心地投入并积极地希望它成功，这样我们就不会感到精疲力竭。不要让我们的思维转到别的事情、别的需要或别的想法上去，专心于我们正在做着的事。选择最重要的事先做，把其他的事放在一边。做得少一点，做得好一点，我们就会得到更多的收获。

逐步实现自己的目标

每一个走向成功的人，无疑都会面临一个选择方向、确定目标的问题。正如空气、阳光之于生命那样，人生须臾不能离开目标的引导。

目标对于事业来说，具有举足轻重的作用。目标是成功人生的起点，是一个人奋斗的阶梯。忽视目标定位的人，或是始终确定不了目标的人，他的努力就会事倍功半，绝难达到理想的彼岸。确立目标，是人生设计的第一乐章。

有了目标，人们才会下定决心攻占事业高地；有了目标，深藏在内心的力量才会找到“用武之地”。若没有目标，我们绝不会采取真正的实际行动，自然与成功无缘。

早在40多年前，生活在洛杉矶的15岁的少年约翰·戈达德对自己一生中计划要做的事开了一张清单，上面有127个要实现的目标，他将此清单称为“我的生命清单”。59岁时戈达德已实现了106个目标。他说：“我在少年时开列的生命清单，反映了一个少年人的兴趣。尽管有些事情我是永远也无法做到的——例如，登上珠穆朗玛峰和访问月球。然而，确定的目标往往是这样的：有些事情可能超出我们的能力。但那并不意味着我们得放弃整个梦想。”现在，他仍然不放弃确定的目标，努力实现目标，包括参观中国的万里长城和访问月球。

可见，是目标所蕴含的神奇推力使戈达德勇往直前，虽然他已不再年轻，但却仍然能够信心十足。

只要我们选准了目标，选对了适合自己的道路，并不顾一切地走下去，终能走向成功。确立了目标并坚定地“咬住”目标的人，才是最有力量的人。目标，是一切行动的前提。事业有成，是目标的赠予。确立了有价值的目标，才能较好地分配自己有限的时间和精力，较准确地寻觅突破口，找到聚光的“焦点”，专心致志地向既定方向猛打猛冲。那些目标如一的人，能抛除一切杂念，聚积起自己的所有力量，全力以赴地向目标高地挺进。

一个人只要不丧失使命感，或者说还保持着较为清醒的头脑，就决然不会把人生之船长期停泊在某个温暖的港湾，而是重新扬起风帆，驶向生活的惊涛骇浪，领略其间的无限风光。人，不仅要战胜失败，而且还要超越胜利。只有目标始终如一，才能焕发出极大的活力；只有超越生命本身，人生才可以不朽。人，生活必然充实有劲，决不会因无所事事而无聊。目标能使人不沉湎于现状，能激励人不断进取，能引导人不断发掘自身的潜能，去摘取成功的桂冠。

思路突破：制定目标的技巧

要成功就要设定目标，没有目标是不会成功的。目标就是方向，就是成功的彼岸，就是生命的价值和使命。

而目标的设定也是需要技巧的，当我们确立了自己人生的终极目标之后，我们就应该为了我们的终极目标制定多个向总目标一步步接近的具体目标，然后慢慢执行，最后达到终极目标。

我们的计划应根据不同时间长度而有所分别，如 1 小时、1 星期、1 年、10 年。显然，考虑明年 1 年的计划与考虑今后 10 年的计划，那是有很大不同的。我们能够而且应该超前计划 10 年，但是我们不能想得很精细，因为不确定的因素太多了。温斯顿·丘吉尔在谈到筹划国家事务时曾经说："人总是要向前看的，但是要预见目前看不见的东西又总是困难的。"我们能够而且应该计划一个小时内要做的事，我们也能够很精确地制订这个计划，但是，一个小时对我们当然不会有太大的影响。

我们可以将自己的目标大致做如下分类：

1. 长期计划

长远目标仍然与所追求的整个生活方式密切相关——我们想从事的职业类型，我们是否想结婚，我们向往的家庭类型，我们追求的总的生活境况。设计将来应当有一些总体性的考虑，在考虑长远计划时，不必拘泥于细节，因为以后的变化太多。应该有一个全局性的计划，但又要具有一定的灵活性。

2. 中期计划

中期目标是 5 年左右的目标，它包括我们正渴望得到的那种专门的训练和教育，我们生活历程中的经验。我们要能够较好地把握住这些目标，并且在实施中预见我们能否达到目的地，并按照情况的变化不断调整努力的方向。

3. 短期计划

短期目标指的是1个月至1年的目标。我们要很现实地确定这些目标，并且能够迅速明晰地说出我们是否正在实现它们。不要为自己设立不可能实现的目标。人总是希望自己有所进步，但也不能要求过高，以免达不到而挫伤信心。目标要实际，但更要不惜一切去实现。

4. 小计划

小计划指的是1天到1个月的计划。控制这些计划比控制较长远的计划容易得多。我们能列出下一个星期或一个月要做的事，并且我们完成计划也是大有可能的（假如我们的计划是合理的）。假如我们发现我们的计划过大，以后要修改它。考虑到的整块时间越小，我们就越能控制每一整块的时间。

每天都要进步一点点

聚沙成塔，集腋成裘。大厦是由一砖一瓦堆砌而成的，比赛是一分一分的赢得的。每一个重大的成就，都是由一系列小成绩累积而成。如果我们留心那些貌似一鸣惊人者的人生，就会发现他们的“惊人”并非一时的神来之笔，而是源于事先长时间的、一点一滴的努力与进步。成功是能量聚积到临界程度后自然爆发的成果，绝非一朝一夕之功。

一个人眼界的拓展，学识的提高，能力的长进，良好习惯的形成，工作成绩的取得，都是一个持续努力、逐步积累的过程，是“每天进步一点点”的总和。

据说，世界上只有两种动物能够登上金字塔顶，一种是老鹰，一种是蜗牛。它们是如此不同，老鹰矫健、敏捷，蜗牛弱小、迟钝，可是蜗牛仍然与老鹰一样能够到达金字塔顶端，它凭的就是永不停息的执着精神！

每天进步一点点，听起来好像没有冲天的气魄，没有诱人的硕果，没有轰动的声势，可细细地琢磨一下：每天进步一点点，那简直又是在默默地创造一个料想不到的奇迹，在不动声色中酝酿一个真实感人的神话。

法国的一个童话故事中有一道小智力题：荷塘里有一片荷叶，它每天会增长一倍。假使30天会长满整个荷塘，请问第28天，荷塘里有多少荷叶？答案要从后往前推，即有四分之一荷塘的荷叶。这时，假使我们站在荷塘的对岸，我们会发现荷叶是那样的少，似乎只有那么一点点，但是，第29天就会占满一半，第30天就会长满整个荷塘。

正像荷叶长满荷塘的整个过程，荷叶每天变化的速度都是一样的，可是前面花了漫长的28天，我们能看到的荷叶都只有那一个小小的角落。在追求成功的过程中，即使我们每天都在进步，然而，前面那漫长的“28天”因无法让人“享受”到结果，常常令人难以忍受。人们常常只对“第29天”的曙光与“第30天”的结果感兴趣，却忽略了前面“28天”细微的进步、努力与坚持。

每天进步一点点，贵在每天，难在坚持。“逆水行舟用力撑，一篙松劲退千寻”。要“每天进步一点点”，就要耐得住寂寞，不因收获不大而心浮气躁，不为目标尚远而情疑动摇，而应具有持之以恒的韧劲；就要顶得住压力，不因面临障碍而畏惧退缩，不为遇到挫折而垂头丧气，而应具有攻坚克难的勇气；还要抗得住干扰，不因灯红酒绿而分心走神，不为冷嘲热讽而犹豫停顿，而应有专心致志的定力。

洛杉矶湖人队的前教练派特·雷利在湖人队最低潮时，告诉12名球队的队员说：“今年我们只要求每人比去年进步1%就好，有没有问题?”球员一听：“才1%，太容易了!”于是，在罚球、抢篮板、助攻、抄截、防守五个方面每个人都有所进步，结果那一年湖人队居然得了冠军，而且是最容易的一年。

不积跬步无以至千里。让自己每天进步1%，只要我们每天进步1%，我们就不必担心自己不快速成长。

在每晚临睡前，不妨自我反思一下：今天我学到了什么？我有什么做错的事？有什么做对的事？假如明天要得到理想中的结果，有哪些错绝对不能再犯？

反思完这些问题，我们就会比昨天进步1%。无止境的进步，就是我们人生不断卓越的基础。

我们在人生中的各方面也应该照这个方法做，持续不断地每天进步1%，长期下来，我们一定会有一个高品质的人生。

不用一次大幅度地进步，一点点就够了。不要小看这一点点，每天小小的改变积累下来会有大大的不同。而很多人在一生当中，连这一点进步都不一定做得到。人生的差别就在这一点点之间，如果我们每天比别人差一点点，几年下来，就会差一大截。

如果我们将这个信念用于自我成长上，100%会有 180 度的大转变，除非我们不去做。

第七章
永不言弃，屈服挫折等于放弃自己

永远不要说自己“不行”，我们在工作和生活中经常会遇到各种各样的困难，当无法解决的时候，可以暂时把问题放置一段时间，等自己有能力解决后再去解决，切莫过早放弃，一次次地放弃只会让自己越来越缺乏自信，只有让自己努力起来，直面挫折，才能不被困难所打倒。

抬起头向前看

当生活出现挫折的时候，我们应该学会向前看。一味地向后看，只会看到失败的脚印，只会丧失信心。

学会向前看，就像本田先生一样，忘掉所有的失败，寻找解决问题的途径，面临的困难就会迎刃而解，最终会赢来成功的掌声。

如果我们为逝去的太阳伤心，那我们将错过夜晚最美丽的星光。人生的美在于向前看！一个人不能太怀念过去，时时都往后看，因为过去有太多的喜怒哀乐。

喜与乐会使我们沉浸在过去的美好之中而忘了生活的残酷；怒与哀又会使我们变得多愁善感，失去前进的动力。

对于每一个人来说，生命只有一次。如何在这有限的时间内创造无限的辉煌，使自己的一生不至于毫无作为呢？这就要不断地奋勇前进，攀登一个又一个高峰。也许，每当我们攀登一座高峰时会遭遇许多意想不到的困难和痛苦，但在那个时候我们更应当记得要向前看，对着前面的山峰勇敢走下去。

人活着，就要有追求，有理想，不断地挑战自我，战胜自我，向着人生的彼岸前进，这样的人生才有意义。时间和人是不断前进的，只有向前看才能有所作为。

有个人刚买了一瓶蜂蜜，拿在手里，骑上自行车往回走。到一个路口，一辆汽车从侧面开来，他急忙刹车，忘记了手中还拿着东西，蜂蜜瓶从手中掉了下去，只听到一声瓶子破碎的清脆声响。然后，这个人看也没看一眼那破碎的瓶子便掉转自行车，又去商店买了一瓶蜂蜜。看到他这个行为的人不解地问他：“你的蜂蜜瓶掉了，为什么不看一眼。”

这个人笑着说：“有这个必要吗？我再怎么看，它不也还是摔碎了吗？”

“我觉得那你也应该看看才对啊！”

“看看又能怎么样呢？除了徒增惋惜之外，还能带来什么呢？再怎么惋惜，瓶子也不会变好，与其惋惜，不如再买一瓶，让自己少一些不快，也大可不必为无可挽回的东西再给自己增添烦恼。”

这是生活中小小的一幕，看起来似乎没有什么，但是，这个人的话很值得我们深思。正如他听说的，已经摔碎了的蜂蜜瓶子，蜂蜜自然是不能再收回来了，我们看也罢，不看也罢，都不能改变这个现实，立刻再去买一瓶才是要紧的事。

其实，如果这个人看了，也不能说他有什么不对，一般人都习惯这样做。但是，他没有看，这一点看似简单，但却是一种了不起的行为。试想一下，在生活中，有多少人为不可挽回的东西在烦恼。如果这些行为能改变既定事实，那么这样的烦恼是值得的，但事实却刚好相反，无论他们如何牵挂、烦恼，一切都于事无补，所以，与其多一些烦恼，不如马上将它忘掉。这个人听到瓶子摔碎的声音的一瞬间，之所以能不看一眼，就是因为他在这个瞬间已经决定不为此劳神费心了。而且，这个人在不看的同时，又做出了另一个决定，那就是再买一瓶蜂蜜。这就是一种积极的态度。在生活中，能做到这一点的人是不多的。

在20世纪30年代，有一位日本的年轻人，变卖了所有家当，全身心投入到研究汽车活塞环的工作中。他夜以继日地工作，累了就睡在工厂里，一心一意期望早日把产品制造出来卖给丰田公司。最后，产品终于研究好了，但送到丰田公司后，却被认为品质不合格。

为了求取更多的知识，这个年轻人重回学校苦修两年，在这期间，他经常因为自己的设计而被老师或同学嘲笑，但他无视于这一切，终于在两年之后取得了丰田公司的购买合约，完成他长久以来的心愿。

谁知此后他又碰上了新问题。因为当时正是第二次世界大战期间，一切物资吃紧，没有水泥给他建造工厂。他决定另谋他途，于是和工作伙伴研究出新的水泥制造方法，后来总算建好了他们的工厂。但是战争期间，这座工厂遭到了美军两次轰炸，毁掉了大部分的制造设备，而他却立即召集了一些工人，去捡拾美军飞机丢弃的汽油桶，作为制造工厂用的材料。在此之后，地震又把他的工厂夷为平地，这时，为了生存，他不得不把制造活塞环的技术卖给丰田公司。

战争结束后，日本遭遇严重的汽油短缺，这个年轻人看到许多人根本无法开着车子出门，他就试着把马达装在脚踏车上，这样既能节省汽油，又方便快捷。邻居们见了以后，都来找他安装摩托脚踏车，他装了一部又一部，直到手中的马达都用光了。

于是，他决定开一家工厂，专门生产所发明的摩托车，但是他面临着缺乏资金这一严重困难。但他决定无论如何也要想出个办法来，最后他想到求助于全日本18000家脚踏车店。他给每一家脚踏车店用心写了一封言辞恳切的信，告诉他们如何借着他发明的产品，在振兴日本经济上扮演一个角色。结果他说服了其中的5000家，凑齐了所需的资金。为了扩大市场，这个年轻人动手把摩托车改得更加轻巧，一经推出便赢得满堂彩，随后他的摩托车又远销到欧美，获得巨大成功。

这个年轻人就是日本本田汽车公司的创始人——本田宗一郎。今天，本田汽车公司在日本及美国的雇员超过10万人，是日本最大的汽车制造公司之一，其在美国的销售量仅次于丰田。本田宗一郎在日后谈到他成功的经验时说：我注重的是“向前看”。

有的人为了过去的失败而郁郁寡欢，抬不起头来，但无论他们对这些怎么惋惜，都没有用，一切已无法挽回。比起整日沉溺在自怜的深渊中，把生活改造得更美好更加重要。所以，请不要沉湎于过去而忘了前面的路吧！要知道世间没有常胜将军，失败是难免的，跌倒了就应该爬起来，这也是一种胜利。人生最宝贵的是我们要珍惜，要不断向前看。

让自己苦中作乐

有时候，我们吃苦是环境所逼，不得不吃。除此之外，我们还应该主动找点苦吃。没人干的苦活、挑得累的担，我们来上。“宝剑锋从磨砺出，梅花香自苦寒来”，吃苦不单可以增进自己的能力，还能磨炼自己的意志。从这个角度来看，吃苦其实就是吃补。可以补意志、补知识、补才能、补道德、补灵魂。

有道是“富贵险中求”，大意是要想要出人头地，非得勇于冒险才行。这话当然有一定道理，不过不单是富贵险中求，很多灾祸也是险中求。相对来说，“富贵苦中求”更加客观。人生吃苦就是吃补，是补意志，补知识，补才能，补道德，补灵魂。

曾经出任电影《菊豆》《秋菊打官司》编剧的作家刘恒，在谈到张艺谋时说：“我认为他有两点非常值得年轻人学习，大局观和刻苦精神。”刘恒说，老谋子心里时时装着电影，他认为自己不一定是中国最好的导演，但一定是最勤奋的导演。张艺谋做事总是要求尽量完美，非常踏实认真，今天取得的成功正是他多年坚持不懈的成果。而且，这些成功并不是靠这靠那，完全是他自己拼出来的，这非常让人钦佩。

在执导《我的父亲母亲》时，为了拍摄女主角站在大雪中苦等的一段戏，张艺谋高烧 39 度却一直在坝上苦等老天下雪。这样坚持一周，才终于等来了一场大雪。他为了选一个合适的老年母亲形象，几乎跑遍了整个延庆地区，先是选了个60多岁的老太太送中央戏剧学院培训，后来不理想又只得重选了一位刚失去丈夫的老太太，由于演出情真意切给影片增彩不少。

早在担任《黄土地》的摄像时，张艺谋为了找到“黄色山岭上的一条白色小路”，扛着摄像机四处苦寻，好不容易找到一个黄色山岭，与自己想象中十分契合，也有一条小路，可那条小路是灰的，不是白的。为了让小路变白，他和导演陈凯歌率领整个剧组在那条灰色小路上来回地走动，硬是将那条“理想中的白色小路”给踩出来了。

在独立执导自己的处女作《红高粱》时，张艺谋曾和莫言一起来到山东。到处联系老乡在高密的胶河两岸种上了大片的高粱。到了1987年7月，高粱应该抽穗了，张艺谋再去看，发现叶子蔫蔫的，根本没有他想象中的火红。他问原因，老乡告诉他，因为今年缺雨，高粱严重发育不良，众人只是挑水抗旱，而高粱面积太大根本顾不过来。张艺谋立即和莫言一道想办法，东奔西忙，联系化肥、抽水机，组织人施肥，安排抽水灌溉。烈日下的辛苦，换回了高粱的茂盛与生机，给片子提供了一片绝佳的场景。

一个又一个的苦，被张艺谋吃下，化为成功路上的营养。餐桌上的苦瓜有很多人喜欢吃，人生中的苦难却没有人愿意尝。但不愿意并不等于我们可以免遭苦难的造访。谁的人生一帆风顺！

松柏必须受得了霜寒，才能常青；寒梅必须经得起冰雪，才能吐露芬芳。生命在苦难中茁壮，思想在苦难中成熟，意志在苦难中坚强。古今中外许多有成就的人都曾得益于清贫和苦难的磨炼。佛陀六年苦行；达摩的九年苦苦面壁；王宝钏经过十八年苦守寒窑，才能为人记忆；孙敬、苏秦悬梁刺股苦学有成，才能纵横六国。勾践尝过了夫差粪便之苦，方有后来的奋发图强……凡此种种，不胜枚举。可见，吃苦是人生路上的一个槛：迈得过去，我们就成了命运的主人、人生的强者；不敢迈或迈不过去，我们就成了命运的奴隶、人生的懦夫。安徒生总结自己一生的经验是："一个必须经过一番刻苦奋斗的生活才会有些成就。"

张爱玲说：成名要趁早。谁不想趁早呢？只是，天下有几人如张爱玲一样占据天时地利人和——既有天分，又出身名门。因此，对于我们这些小人物来说，与其天天叫嚣与梦想着"成名要趁早"，不如身体力行"吃苦要趁早"：趁自己年轻，有强健的身心来承受苦与难，趁早把自己投身进苦难的大学，以免将来无力承受苦难时，在苦难中终老一生。

面对挫折无须抱怨

"天将降大任于斯人也，必先苦其心志，劳其筋骨，饿其体肤，空乏其身……"要想成就大业，就必须经历大大小小的挫折。干大事的人一定是具有战胜挫折的有勇气的人。挫折有其消极的一面，但也有其积极的一面，挫折能磨炼人的意志，增长其才干和智慧。

面对挫折的态度很重要。态度不同，结果也不同，只有坚定了战胜困难的信念，才有取得成功的机会。

日本松下公司公开招聘管理人员，一位名叫福田三郎的青年参加了应试。考试结果公开了，福田名落孙山。得到这一消息后，福田三朗深感绝望，顿起轻生之念，幸亏抢救及时，才保住性命。此时公司派人来通知，原来福田被录取了，他的考试成绩名列第二，因为当时计算机出了故障，所以统计时出了差错。然而，当松下公司得知福田因未被录用而自杀时，又决定将他解聘。

故事主人公的做法未免有些过激。其实人生难免有挫折，人世间没有不曲折的路。福田仅仅因为未被公司录用而自杀，这就让人觉得他意志薄弱，是个懦夫。其实，他若真的未被录用，完全可以另谋生路，又何必抱怨自己，抱怨命运对自己的不公呢？要知道，条条大路通罗马啊！

在面对挫折时，我们不应选择抱怨，更不应选择像福田三郎那样自杀，我们应当去迎接挫折，战胜挫折。

那么，我们应该如何去应对挫折呢？以下有四个方法可以借鉴。

第一，要战胜挫折，就要树立正确的人生目标，只有树立了正确的人生目标，我们才会有一股向前冲的力量驱使我们朝着目标去奋斗。

第二，要正确地认识挫折，采取恰当的解决方法。遭遇挫折时，首先要冷静地分析造成挫折的原因，然后对症下药，找到应对挫折的有效方法。

第三，应激发探索创新的热情。全身心地去探索、去创造，是战胜挫折、克服消极心理的有效方法。

第四，学会自我疏导。有些人在遇到挫折时往往会自责，这时，我们应善于自我排解、自我疏导。这样，就能将消极情绪转化为积极情绪，增添战胜挫折的勇气。

当我们遇到挫折时，在寻找应对挫折的方法之前，我们面对挫折的态度同样非常重要。

有一批登山者在登山时突然遇到了风暴。有一位业余登山者被刮倒了，他几次试图站起来都没有成功，最终他屈服了，也就永远倒下了。

另一位登山者因失去知觉倒在雪地中，当他终于清醒过来后，马上意识到自己面临生与死的选择。这时，他只有一个信念：一定要努力活下来。他知道停下来就意味着死亡，所以一直不停地走着。最后，他凭着坚强的毅力走回营地，队员们最终把他救活了。

两位登山者为什么最终一生一死呢？这取决于他们面对挫折和困难时的态度。

面对挫折，通常有三种态度。第一种态度是胆怯地逃避挫折，畏惧困难。采取这种态度的人只会打退堂鼓，懦弱无能，他的一生只会碌碌无为。第二种态度是意志不坚定、无恒心和毅力。采取这种态度的人没有战胜挫折的勇气，尽管曾经拼搏奋斗过，但最终仍半途而废，屈服于挫折。第三种态度是有必胜的坚定信念，信心十足，敢于挑战。采取这种态度的人不战胜挫折誓不罢休，他们有勇有谋，把绊脚石变成垫脚石，最终取得了成功。

1943年，美国的《黑人文摘》刚开始创刊时，前景并不被看好。它的创办人约翰逊为了扩大该杂志的发行量，积极地准备做一些宣传。

他决定组织撰写一系列“假如我是黑人”的文章，请白人把自己放在黑人的地位上，严肃地看待这个问题。他想，如果能请罗斯福总统夫人埃莉诺来写这样一篇文章就最好不过了。于是，约翰逊便给罗斯福夫人写去了一封非常诚恳的信。

罗斯福夫人回信说，她太忙，没时间写。首次邀请受挫，约翰逊却并没有因此而气馁，他又给她写去了一封信，但她回信还是说太忙。以后，每隔半个月，约翰逊就会准时给罗斯福夫人写去一封信，言辞也愈加恳切。

不久，罗斯福夫人因公事来到约翰逊所在的芝加哥市，并准备在该市逗留两日。约翰逊得此消息，喜出望外，立即给总统夫人发了一份电报，恳请她趁在芝加哥逗留的时间里，给《黑人文摘》写那篇文章。

罗斯福夫人收到电报后，没有再拒绝。她觉得，无论多忙，她再也不能说“不”了。

这个消息一传出去，全国都知道了。直接的结果是，《黑人文摘》杂志的发行量在一个月内由2万份增加到了15万份。后来，他又出版了黑人系列杂志，并开始经营书籍出版、广播电台、妇女化妆品等事业，终于成为闻名全球的富豪。

面对挫折，千万不要抱怨。因为，只有经过长途跋涉的行者才懂得歇息的幸福，也只有饱尝过暴风雪滋味的人才知道炉火的真正价值。

潜能都是逼出来的

给自己一片没有退路的悬崖，把自己“逼”上巅峰，从某种意义上说，是给自己一个向生命高地冲锋的机会。如果我们想改变自己的现状，改变自己的命运，那么首先应该改变自己的心态。只要有背水一战的勇气与决心，我们一定能突破重重障碍，走出绝境。

把自己“逼”上巅峰，首先要给自己一片没有后路的悬崖，这样才能发挥出自己最大的能力。力挽狂澜的秘密就在于此。中国有句成语叫“背水一战”。

它的意思是背靠江河作战，没有退路，我们常常用它来比喻决一死战。背水一战，其实就是把自己的后路斩断，以此将自己逼上“巅峰”。这个成语来源于《史记·淮阴侯列传》，这个典故对于处于困境中的人来说，至今仍有着启示意义。

韩信是汉王刘邦手下的大将，为了打败项羽，夺取天下，他为刘邦定计，先攻取了关中，然后东渡黄河，打败并俘虏了背叛刘邦、听命于项羽的魏王豹，接着韩信开始往东攻打赵王歇。

在攻打赵王时，韩信的部队要通过一道极狭的山口，叫井陉口。赵王手下的谋士李左军主张一面堵住井陉口，一面派兵抄小路切断汉军的辎重粮草，这样韩信小数量的远征部队没有后援，就一定会败走。但大将陈余不听，仗着兵力优势，坚持要与汉军正面作战。韩信了解到这一情况，不免对战况有些担心，但他同时心生一计。他命令部队在离井陉口30里的地方安营，到了半夜，让将士们吃些点心，告诉他们打了胜仗再吃饱饭。随后，他派出两千轻骑从小路隐蔽前进，要他们在赵军离开营地后迅速冲入赵军营地，换上汉军旗号；又派一万军队故意背靠河水排列阵势来引诱赵军。

到了天明，韩信率军发动进攻，双方展开激战。不一会儿，汉军假意败回水边阵地，赵军全部离开营地，前来追击。这时，韩信命令主力部队出击，背水结阵的士兵因为没有退路，也回身猛扑敌军。

赵军无法取胜，正要回营，忽然营中已插遍了汉军旗帜，于是四散奔逃。汉军乘胜追击，以少胜多，打了一个大胜仗。

在庆祝胜利的时候，将领们问韩信："兵法上说，列阵可以背靠山，前面可以临水泽，现在您让我们背靠水排阵，还说打败赵军再饱饱地吃一顿，我们当时不相信，然而最后竟然取胜了，这是一种什么策略呢?"

韩信笑着说："这也是兵法上有的，只是我们没有注意到罢了。兵法上不是说'陷之死地而后生，置之亡地而后存'吗?如果是有退路的地方，士兵都逃散了，怎么能让他们拼死一搏呢!"

所以在生活中，当我们遇到困难与绝境时，我们也应该如兵法中所说那样"置之死地而后生"，要有背水一战的勇气与决心，这样才能发挥自己最大的能力，将自己逼上生命的巅峰。在这种情况下，往往事情会出现极大的转机。

一位原籍上海的中国留学生刚到澳大利亚的时候，为了寻找一份能够糊口的工作，他骑着一辆旧自行车沿着环澳公路走了数日，替人放羊、割草、收庄稼、洗碗……只要给一口饭吃，他就会暂且停下疲惫的脚步。

一天，在唐人街一家餐馆打工的他，看见报纸上刊出了澳洲电讯公司的招聘启事。留学生担心自己英语不地道，专业不对口，他就选择了线路监控员的职位去应聘。过五关斩六将，眼看他就要得到那年薪三万五的职位了，不想招聘主管却出人意料地问他："你有车吗？你会开车吗？你这份工作时常外出，没有车寸步难行。"

澳大利亚公民普遍拥有私家车，无车者寥若晨星，可这位留学生初来乍到还属无车族。为了争取到这个极具诱惑力的工作，他立刻不假思索地回答："有！会！"

"好，那么4天后，开着你的车来上班。"主管说。

4天之内要买车、学车谈何容易，但为了生存，留学生豁出去了。他在华人朋友那里借了500澳元，从旧车市场买了一辆外表丑陋的"甲壳虫"。第一天他跟华人朋友学简单的驾驶技术；第二天在朋友屋后的那块大草坪上模拟练习；第三天歪歪斜斜地开着车上了公路；第四天他居然驾车去公司报了到。时至今日，他已是"澳洲电讯"的业务主管了。

在这个事例中，这位留学生的专业水平如何并不是问题的关键，问题的关键在于他的胆识。如果他当初畏首畏尾地不敢向自己挑战，绝不会有今天的辉煌。那一刻，他毅然地斩断了自己的退路，让自己置身于命运的悬崖绝壁之上。正是面临这种后无退路的境地，人才会集中精力奋勇向上，攀上生活的“巅峰”。

所以我们要保持这样的心态，在使自己处于不断积极进取的状态时，就能形成自信、自爱、坚强等品质，这些品质可以让我们的能力源源涌出。我们若是想改变自己的处境，那么就先改变自己身心所处的状态，勇敢地向命运挑战。一旦我们决心背水一战，拼死一搏，我们便可以把我们蕴藏的无限潜能充分发挥出来，让自己创造奇迹，做出令人瞩目的成绩，登上命运的巅峰。

挫折之后就是成功

我们每个人都会面临各种挑战、各种机会、各种挫折，这时候我们能承受挫折的能力，就是我们未来的命运。成功不是一个海港，而是一次埋伏着许多危险的旅程，人生的赌注就是在这次旅程中要做个赢家，成功永远属于不怕失败的人。

有一个博学的人遇见上帝，他生气地问上帝：“我是个博学的人，为什么你不给我成名的机会呢？”上帝无奈地回答：“你虽然博学，但样样都只尝试了一点儿，不够深入，用什么去成名呢？”

那个人听后便开始苦练钢琴，后来虽然弹得一手好琴却还是没有出名。他又去问上帝：“上帝啊！我已经精通了钢琴，为什么您还不给我机会让我出名呢？”

上帝摇摇头说：“并不是我不给你机会，而是你抓不住机会。第一次我暗中帮助你去参加钢琴比赛，你缺乏信心，第二次缺乏勇气，又怎么能怪我呢？”

那人听完上帝的话，又苦练数年，建立了自信心，并且鼓足了勇气去参加比赛。他弹得非常出色，却由于裁判的不公正而被别人占去了成名的机会。

那个人心灰意冷地对上帝说：“上帝，这一次我已经尽力了，看来命中注定，我不会出名了。”上帝微笑着对他说：“其实你已经快成功了，只需最后一跃。”

“最后一跃？”他瞪大了双眼。

上帝点点头说：“你已经得到了成功的入场券——挫折。现在你得到了它，成功便成为挫折给你的礼物。”

这一次那个人牢牢记住上帝的话，他果然成功了。

如果将幸福、欢乐比作太阳，那么，不幸、失败、挫折就可以比作月亮。人不能只企求永远在阳光下生活，在生活中从没有失败和挫折是不现实的。挫折是成功的入场券，能使人走向成熟，取得成就，但也可能破坏信心，让人丧失斗志。对于挫折，关键在于我们怎么看待。

山里住着一家猎户。父亲是个老猎手，在山里闯荡了几十年，猎获野物无数，走山路如履平地，从未出过事。然而有一天，因下雨路滑，他不小心跌落山崖。

两个儿子把父亲抬回了破旧的家，他已经快不行了，弥留之际，他指着墙上挂着的两根绳子，断断续续地对两个儿子说：“给你们两个，一人一根。”还没说出用意就咽了气。

掩埋了父亲，兄弟二人继续打猎生活。然而，猎物越来越少，有时出去一天连个野兔都打不回来，兄弟俩的日子艰难地维持着。一天，弟弟与哥哥商量：“咱们干点别的吧！”哥哥不同意：“咱家祖祖辈辈都是打猎的，还是本本分分地干老本行吧。”

弟弟没听哥哥的话，拿上父亲给他的那根绳子走了。他先是砍柴，用绳子捆起来背到山外换几个钱。后来他发现，山里一种漫山遍野的野花很受山外人喜欢，且价钱很高。从此，他不再砍柴，而是每天背一捆野花到山外卖。几年下来，他盖起了自己的新房子。

哥哥依旧住在那间破旧的老屋里，还是干着打猎的营生。由于常常打不到猎物，生活越来越拮据，他整天愁眉苦脸，唉声叹气。一天，弟弟来看哥哥，发现他已经用父亲留给他的那根绳子吊死在房梁上。

同样的一根绳子，却导致了不同的人生结局。弟弟用它开辟了美好的生活，哥哥却用它来上吊自杀。哥哥没有经受住生活的磨砺，在挫折面前选择了自我放弃。其实，挫折是成功的入场券。得到了它，成功便成为了挫折给我们的礼物。

失败其实并不算什么

美国副总统亨利·威尔逊出生在一个贫困的家庭里。当他还在摇篮里时，贫穷就已经露出了狰狞的面孔。他深深地体会到，当他向母亲要一片面包而她手中什么也没有时是什么样的滋味。

他在 10 岁时就离开了家，当了 11 年的学徒工，每年可以接受一个月的学校教育，最后，在 11 年的艰辛工作之后，他得到了一头牛和六只绵羊的报酬。他把它们换成了 84 美元。从出生一直到 21 岁那年为止，他从来没有在娱乐上花过一美元，每一美元都是经过精心算计的。他完全知道拖着疲惫的脚步在漫无尽头的盘山路上行走是一种怎样的痛苦感觉……

在这样的穷途困境中，威尔逊先生下定决心，不让任何一个发展自我、提升自我的机会溜走。很少有人能像他一样深刻地理解闲暇时光的价值。他像抓住黄金一样紧紧地抓住了零星的时间，不让一分一秒的时间无所作为地从指缝间溜走。

在他 21 岁之前，他已经设法读了 1000 本好书——想一想看，对一个农场里的孩子来说，这是多么艰巨的任务啊！在离开农场之后，他徒步到 100 英里之外的马萨诸塞州的内蒂克去学习皮匠。他风尘仆仆地经过了波士顿，在那里他可以看见邦克·希尔纪念碑和其他历史名胜。整个旅行只花费了他一美元六美分。一年之后，他已经在内蒂克的一个辩论俱乐部脱颖而出，成为其中的佼佼者了。后来，他在的议会发表了著名的反对奴隶制度的演说，此时，他来到马萨诸塞州还不到 8 年。12 年之后，这位曾经的农场穷小子终于凭借着多年来自己不懈的努力，熬出了头，进入了国会。

美国第 16 任总统亚伯拉罕·林肯（1809—1865），是美国最伟大的总统之一，是一个从种种不幸、苦难中走出来的坚强的人。从一个农民成长为一个总统，林肯付出了常人难以想象的代价……但是他从未停止前进，他以自己独特的领导方式，保全了美国，解放了黑奴，成为美国最伟大的总统之一。

有人曾为林肯做过统计，说他一生只成功过 3 次，但失败过 35 次，不过第 3 次成功使他当上了美国总统。事实也的确如此。而最终使他得到命运的第三次垂青，或者说争取到第三次成功的，完全是他的坚强。在他竞选参议员落选的时候，他就说过："此路艰辛而泥泞，我一只脚滑了一下，另一只脚因而站不稳。但我缓口气，告诉自己，这不过是滑一跤，并不是死去而爬不起来。"

不停地超越苦难，在屡败之后还能屡战的人，是值得我们尊敬的人。谈到"屡败屡战"这一句话，怎么也绕不过晚清的曾国藩。这个进士出身的文人，于 1852 年奉命回湘办团练，团练初具规模后的前几年，他唯一做得成功的一件事就是只打败仗。从 1854 年练成水陆师出征，到 1860 年兵败羊栈岭，曾国藩可谓一败再败，小的败仗不计其数，大的惨败就有四场：1854 年湘军初征就在岳州被太平军打得落花流水；1855 年在江西鄱阳湖全军覆灭，连自己的座船也被抢走；1858 年，部将李续宾率部血战三河镇，六千兵勇无一生还，三湘大地处处缟素；1860 年，李秀成破羊栈岭，曾国藩在 60 里外的大营中写好遗书、帐悬佩刀，以求一死，好在李秀成主动退兵。

就像凤凰从烈火中涅槃，这个被满族大臣们讥笑为"屡战屡败"的常败将军曾国藩，最终用他"屡败屡战"的勇气与决绝，打到南京，用行动证明了自己是一个强者。

能不费多大曲折就能成功的事，算不上大事。举凡强者，必有异于常人之大事业。而世间能称之为大事的事，岂可轻而易举？好事多磨，不经过九曲十八弯，没有“屡败屡战”的勇毅，几乎没有可能成为强者。

微笑着面对生活

人们常说“好心态才有好人生”就是这个意思。一个人无论他多有钱，多美貌或地位有多高，如果他对生活哭丧着脸，那么生活也不会给他好脸色。

在生活中，我们每一个人快乐与否，不是取决于自己财富的多少、自己的美貌程度或是自己的地位如何等外在因素，而是取决于自己的心态这一内在因素。

苏菲拥有一切。她有一个完美的家庭，住豪华公寓，从来不用为钱发愁。而且，她年轻、聪慧、漂亮。路易是她的朋友，路易觉得和苏菲一起外出是一件乐事。在餐厅里，路易会看到邻桌的男士频频向她注目，邻桌的女士为她而相互窃窃私语。有她的陪伴，路易感觉很棒。她让路易由衷地认为做男人真好。

不过，当所有闲聊终止的时候，这样一刻出现了：苏菲开始向路易讲述她悲惨的生活，她为减肥而跳的狐步舞，她为保持体形而做的努力，以致得了厌食症。路易简直不敢相信自己的耳朵！

这位美丽的女士真实地、深切地认为自己胖而且丑，不值得任何人去爱。路易对她说，她也许弄错了。事实上，这世界上一半的人为了能拥有她那样的容貌，她那样的好运气和生活，宁愿付出任何代价。不，不，苏菲悲哀地挥着手说，她以前也听过类似的话。她知道这话只是出于礼貌，只是一种于事无补的慰藉。而路易越是试图证实她是一位幸运的女孩，她越是表示反对。苏菲对她生活的总结就是“糟透了”。

生活赐予我们的越多，我们就越觉得所有的一切都是理所当然。然后，我们对生活的期望值也就越高。想象一下苏菲生而拥有一切，金钱、容貌、智慧……但就因为身材这一小问题使她对生活的看法大变。而她应当知道：生活并不完美，而且生活从来也不必完美！只要想一想生活是多么风云变幻，我们就应该明白了。

许多人都听过“超人”克里斯托夫·瑞维斯的故事。他曾经又高又帅、又健壮、又知名、又富有。可是，一次，他不慎从马上跌落下来，摔断了脖子。从此，他就高位截瘫了。现在，他已经离开了这个世界。

不过，瑞维斯和苏菲的不同在于：他感谢上帝让他保留了一条生命，使他可以去做一些真正有意义的事——为残疾人事业做努力。而苏菲则是为她腹部增加或减少了几毫米厚的脂肪或喜或悲着。两人之间的这个不同的产生说到底还是自己的心态问题。

卡耐基曾讲过这样一个故事：塞尔玛陪伴丈夫驻扎在一个沙漠的陆军基地里，她丈夫奉命到沙漠去学习，她一人留在陆军的小铁皮房子里，天气热得受不了。即便在仙人掌的阴影下也是华氏125度。那儿没有人与她聊天，只有墨西哥人和印第安人，而他们不会说英语。塞尔玛太难过了，就写信给父母，说要丢开一切回家去。而她父亲的回信只有两行，但这只有两行字的信却完全改变了她的生活：

两个人从牢中的铁窗望出去，

一个看到泥土，一个却看到星星。

塞尔玛一再地读这封信，觉得大受启发。她决定要在沙漠中找到“星星”。

于是，塞尔玛开始和当地人交朋友，他们的反应热情而友善。塞尔玛对他们的纺织、陶器表示兴趣，他们就把最喜欢的、舍不得卖给观光游客的纺织品和陶器送给了她。塞尔玛研究那些引人入迷的仙人掌和各种沙漠植物，还学习有关土拨鼠的知识。她观看沙漠日落，甚至寻找到了海螺壳，要知道这些海螺壳是几万年前这沙漠还是海洋时留下来的……最后，那原来难以忍受的环境变成了令塞尔玛兴奋、流连忘返的奇景。

那么，到底是什么使塞尔玛对生活的看法有了这么大的转变？

其实，沙漠没有改变，印第安人也没有改变，只是塞尔玛的心态改变了。一念之差，使她把原先认为恶劣的遭遇变为一生中最有意义的冒险。她为发现的新世界兴奋不已，并为此写了一本书，并将书以“快乐的城堡”为名出版了。我们可以说，她终于看到了自己的“星星”。

生活是属于自己的，我们为何不对之一笑？要知道，生活从来都是真实的、诚恳的，所以，我们不妨用自己的笑脸来换回生活的笑脸。

要相信信仰的力量

我们无论处在多么艰难的境地，都不要失去信仰，不要怨声载道，而应在苦难中打磨我们的意志和毅力。只有这样，成功才会属于我们。

有人说，苦难是一笔财富。对于在苦难面前一筹莫展、只会叹息的人来说，苦难的海是无边无际的；而对于那些勇敢地战胜苦难的人来说，它则能成为财富。

一位职员说：“我的老板不赏识我，我越干越没信心了。”

一位中年妇女抱怨道：“我的先生经常忙着工作不顾家，到现在还是个科长，隔壁大李都当上局长了……”’

一位母亲说：“我的儿子太顽皮，真气死我了！”

婆婆说：“我的媳妇不孝顺，我怎么这么命苦啊！”

一位老师从教室里走出来说：“现在的学生实在是太难调教了，真把我气炸了！”

看起来，好像每个人都满腹抱怨，没人对自己所拥有的表示满意和感恩。那么，在面对不利的环境或者困境的时候，我们为什么不能把困顿当作是对自己的一种磨砺呢？与其牢骚抱怨，不如问问自己：在这个不尽如人意的环境里，我能做些什么？强者靠自己，弱者靠同情，怨天尤人实在于事无补。

少抱怨，多行动，才是应对困境的正确方法。爱默生说：“一心朝自己目标前进的人，整个世界都会给他让路。”同样，我们一心朝着我们的目标努力，又有谁能妨碍我们的上升呢？

索尼公司创始人盛田昭夫说起过这么一个故事：东京帝国大学的毕业生在索尼公司一直非常受欢迎。有个叫大贺典雄的帝国大学高才生，是一位有才华的青年。在他加入索尼公司之后曾与盛田昭夫争论，盛田昭夫喜欢这个直言不讳的年轻人，非常器重他。

后来出人意料的是，盛田昭夫居然把大贺典雄下放到了生产一线，给一位普通工人做学徒。这让很多员工迷惑不解，甚至怀疑他得罪了盛田昭夫。有人为大贺典雄感到不平，但大贺典雄只是淡淡一笑。

一年后，更让人大跌眼镜的事情发生了，还是学徒工的大贺典雄居然被直接提拔为专业产品总经理，员工们百思不得其解。

在一次员工大会上，盛田昭夫为大家揭开了谜团：“要担任产品总经理的重担，必须要对产品有绝对的了解，这就是我要把大贺典雄下放到基层的原因。让我高兴的是，大贺典雄在他的岗位上干得不错。然而让我坚定提拔的念头是因为他在整整一年的累脏卑微的工作环境下居然没有任何牢骚和抱怨，而且甘之如饴。”

人们终于明白了其中的原因，不由报以热烈的掌声——为盛田昭夫也为大贺典雄。五年后，也就是大贺典雄 34 岁那年，就成了公司董事会的一员，这在因循守旧的日本企业，简直是前所未闻的奇迹。

这样的故事告诉我们：世间没有永远荒芜的土地，没有永远干涸的河流，没有永远灰暗的天空，没有永远沉寂的山峦。只要我们不怨声载道，不愤世嫉俗，土地再荒芜，也不会拒绝一锄一镐的耕耘；河流再干涸，也不会藐视涓涓细流的汇聚；天空再阴霾，也不会永远遮挡住阳光的挥洒；山峦再沉寂，也不会阻挡莽莽绿色的蔓延。

索伦说："我们想逃避我们的不幸，但我们若知道别人承受的苦难，就不会再抱怨了。"当我们了解了帕格尼尼所遭遇的不幸和经历的苦难后，我们还在为我们因为失掉一份本该属于我们的工作而惋惜、哀叹吗？我们还在为我们一时的失误被别人诈取了钱财、欺骗了感情而痛苦难耐吗？我们还在为因别人略施手段而被排挤出局而怨声不迭吗？相比之下，这些只不过是人生必须经历的波折而已，我们无须为此而牢骚满腹。

痛苦是一架梯子

痛苦是一架梯子，对于强者来说，它通向成功的殿堂，对于弱者来说，它则通向黑暗的地狱。

在这个世界上，没有人喜欢痛苦。然而，人生就是痛苦和幸福的综合体，每一个人都摆脱不了痛苦。痛苦是一种折磨，同时又是一种力量。舒适、悠闲远不如坎坷与磨难更能锻炼人，更能发挥人的长处。痛苦造就人的禀赋，痛苦也磨炼人的禀赋，痛苦更能教人靠耐心和韧劲，从苦难之海中顽强跋涉出来。

在报纸上看到这么一则新闻：美国巴拉马州有一个12岁的小男孩，他的名字叫作杰森，在他10岁的时候患了脑癌，已经动过三次大手术并进行了数十次电疗。主治医生认为他的病情不容乐观，但是杰森却勇敢面对他的绝症。

他喜欢画画，即使在病床上，他也坚持作画，他的作品曾经数次获得全国大奖。为了在生前开第一次也许是最后一次个人画展，他每天都抽出4个小时绘画。他说："我一定要坚持活下去。贝多芬不是在耳聋后，仍创作出美妙的《月光曲》吗？"

经过多次化疗后，杰森的视力持续衰退，耳朵开始溃烂，但是他的画展依然如期开幕了。杰森因为手术无法亲临现场，只能请一位同学代念了一封他写的信。他在信中是这么说的："我会好起来的，我相信我一定会好起来的。痛苦虽然很可怕，但我现在已经学会习惯它了。正是痛苦让我知道了人生的宝贵，我将努力珍惜以后的时光。"

勇敢的杰森已开过三次刀，都是直接在脑袋上开刀。他在第三次手术时，主动要求不要麻醉药，因为癌症带来的痛苦远超过开刀的痛苦。

面对坚强的杰森，不由得让人肃然起敬。人，一旦超越了痛苦，痛苦就不再是牵绊，而是一种伟大的力量。

痛苦，是一把成长的钥匙，让我们迅速成长；

痛苦，是飞翔的翅膀，让我们更接近梦想；

痛苦，是人生的催化剂，让我们更有力量；

痛苦，是一扇通往智慧的门，将人带入心灵的殿堂；

痛苦，是一个炼钢的火炉，让我们更加刚强。

高尔基一生历经坎坷，吃了不少苦，也收获了不少人生阅历，充实的人生经历为他的成就打下了基础。

回顾往事的时候，高尔基说道："一个人如果没有他吃不了的苦，那么就没有他做不成的事情。"人如果能正视苦难，是一种人生的豪迈。善待苦难，苦中作乐，是一种人生的乐趣！